精品工程施工工艺操作口袋书系列

主体结构施工工艺操作口袋书

中建八局浙江建设有限公司　组织编写

中国建筑工业出版社

图书在版编目（CIP）数据

主体结构施工工艺操作口袋书 / 中建八局浙江建设有限公司组织编写．-- 北京：中国建筑工业出版社，2024.5

（精品工程施工工艺操作口袋书系列）

ISBN 978-7-112-29673-6

Ⅰ. ①主… Ⅱ. ①中… Ⅲ. ①结构工程－工程施工 Ⅳ. ① TU74

中国国家版本馆 CIP 数据核字（2024）第 056052 号

本书中未注明的，长度单位均为“mm”，标高单位为“m"。

责任编辑：王砾瑶　张　磊
责任校对：赵　力

精品工程施工工艺操作口袋书系列
主体结构施工工艺操作口袋书
中建八局浙江建设有限公司　组织编写
*
中国建筑工业出版社出版、发行（北京海淀三里河路 9 号）
各地新华书店、建筑书店经销
北京海视强森文化传媒有限公司制版
临西县阅读时光印刷有限公司印刷
*
开本：787 毫米 × 1092 毫米　1/32　印张：$7\frac{1}{2}$　字数：180 千字
2024 年 8 月第一版　2024 年 8 月第一次印刷
定价：**59.00** 元
ISBN 978-7-112-29673-6
（42263）

《主体结构施工工艺操作口袋书》

编委会

为贯彻落实党的二十大精神，助推建筑业高质量发展，全面提升工程品质，夯实基础管理能力，践行发扬工匠精神，推进质量管理标准化，提高工程管理人员的专业素质，我们认真总结和系统梳理现场施工技术及管理经验，组织编写了这套《精品工程施工工艺操作口袋书系列》。本丛书包括以下分册：《地基与基础施工工艺操作口袋书》《主体结构施工工艺操作口袋书》《装饰装修及屋面施工工艺操作口袋书》《机电安装施工工艺操作口袋书》。

丛书从工程管理人员和操作人员的需求出发，既贴近施工现场实际，又严格体现行业规范、标准的规定，较系统地阐述了建筑工程中常用分部分项工程的施工工艺流程、施工工艺标准图、控制措施和技术交底。具有结构新颖、内容丰富、图文并茂、通俗易懂、实用性强的特点，可作为从事建设工程施工、管理、监督、检查等工程技术人员及相关专业人员的参考资料。

丛书在编写过程中得到了编者所在单位领导以及中国建筑工业出版社领导的鼓励与支持，同时还收集了大量资料，参阅并借鉴了《建筑施工手册（第五版）》和众多规范、标准的相关内容，汇聚了编制和审阅人员的

前言
preface

辛勤劳动及宝贵意见，是共有的技术结晶和财富。在此，一并表示衷心的感谢。希望本丛书能对规范施工现场各工序操作提供有益指导，同时也期望丛书能对所有使用本丛书的读者有所帮助。限于编者水平、经验及时间，书中难免还存在一些不妥和错误之处，恳请读者及同行批评指正，编者不胜感激。

编　者

2023 年 7 月于杭州

1 钢筋工程施工工艺

2 模板工程施工工艺

3 混凝土施工工艺

目录
contents

1

①

钢筋工程施工工艺

1.1 钢筋直螺纹加工

1.1.1 施工工艺流程

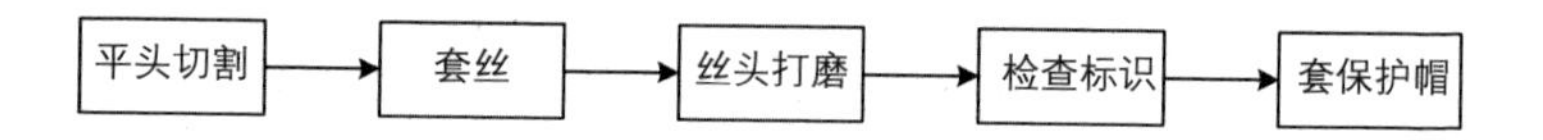

1.1.2 施工工艺标准图

序号	施工步骤	材料、机具准备	工艺要点	效果展示
1	平头切割	钢筋切割机	（1）钢筋应先调直并用钢筋锯切机切去端头2～3cm。 （2）保证切口端面必须平直、整齐并与钢筋轴线垂直，不得有马蹄形或挠曲，若非平直面则再次切割。 （3）加工直螺纹丝头时，应用水溶性切削液，严禁用机油作切削液或不加切削液加工丝头，当气温低于0℃时，应掺入15%～20%的亚硝酸钠	
2	套丝	直螺纹套丝机	（1）检查操作架高度是否合适。 （2）对设备进行试运行，一切正常后方可正式开始施工操作。 （3）钢筋摆放平整，端部固定牢固不松动。 （4）丝扣的有效长度为套筒长度的1/2＋（1～2）P	

序号	施工步骤	材料、机具准备	工艺要点	效果展示
3	丝头打磨	手持砂轮机	采用手持砂轮机打磨丝头毛刺	
4	检查标识	记号笔	（1）检查钢筋端头是否平整、无破口。 （2）检查丝头数量及长度。 （3）检查丝头是否光滑、平整、无毛刺	
5	套保护帽	保护帽	检查符合要求后上塑料帽盖	

注：P 为螺距。

1.1.3 控制措施

序号	预控项目	产生原因	预控措施
1	丝头端面不垂直于钢筋轴线，大量存在马蹄头或弯曲头	端头未进行平头切割	（1）钢筋下料后，丝头加工前，务必对钢筋端面进行切头打磨。 （2）对端部不直的钢筋要预先调直，切口的端面应与轴线垂直，不得有马蹄形或挠曲。 （3）刀片式切断机和氧气吹割都无法满足加工精度要求，通常只有采用砂轮切割机，按配料长度逐根进行切割

续表

序号	预控项目	产生原因	预控措施
2	丝头毛刺严重	加工丝头的端面切口未进行打磨	丝头打磨干净，确保牙形饱满，与环规牙形完整吻合。加强人员培训，增强个人技能和质量意识
3	成型丝头未进行妥善保护，齿面存在泥砂污染	未套保护帽	成型丝头在未进行连接前，上塑料套帽进行保护，放置时间过长时，再用毡布覆盖
4	直螺纹滚丝机滚出的丝牙总是缺牙	滚丝轮破损或使用寿命已到，钢筋剥皮太多，丝牙不饱满，滚轮过松	定期检查滚轮，防止滚轮松动，有破损则进行更换。调节钢筋剥皮限位盘，使剥皮少一些，达到丝头数量要求为止

1.1.4 技术交底

1.1.4.1 施工准备

1. 材料要求

各种型号的钢筋、保护帽、记号笔。

2. 施工机具

钢筋调直机、钢筋弯曲机、钢筋套丝机、钢筋切割机。

3. 作业条件

钢筋进场后，应检查是否有出厂证明、复试报告，并按施工平面图中指定规格、部位、编号分别加垫木堆放；现场临时水、电安装完成。

1.1.4.2 操作工艺

1. 工艺流程

平头切割→套丝→丝头打磨→检查标识→套保护帽。

2. 施工要点

（1）平头切割：钢筋应先调直并用钢筋锯切机切去端头 2～3cm；保证切口端面必须平直、整齐并与钢筋轴线垂直，不得有马蹄形或挠曲，若非平直面则再次切割；加工直螺纹丝头时，应用水溶性切削液，严禁用机油作切削液或不加切削液加工丝头，当气温低于 0℃时，应掺入 15%～20%的亚硝酸钠。

（2）套丝：套丝之前检查操作架高度是否合适；对设备进行试运行，一切正常后方可正式开始施工操作；钢筋摆放平整，端部固定牢固不松动；丝扣的有效长度为套筒长度的 1/2 +（1～2）*P*。

（3）丝头打磨：采用手持砂轮机打磨丝头毛刺。

（4）检查标识：检查钢筋端头是否平整、无破口；检查丝头数量及长度；检查丝头是否光滑、平整、无毛刺。

（5）套保护帽：检查符合要求后上塑料帽盖。

1.1.4.3 质量标准

（1）镦粗头不应有与钢筋轴线相垂直的横向裂纹。

（2）钢筋丝头长度应满足产品设计要求，极限偏差应为（1～2）*P*。

（3）钢筋丝头宜满足 6f 级精度要求，应采用专用直螺纹量规检验，通规应能顺利旋入并达到要求的拧入长度，止规旋入不得超过 3 *P*。各规格的自检数量不应少于 10%，检验合格率不应小于 95%。

1.1.4.4 成品保护

（1）钢筋直螺纹加工后及时套保护帽。

（2）将加工的钢筋按照规格、型号等分垛码放；为防止钢筋锈蚀，将加工后的钢筋放置于木枋之上。

1.1.4.5 安全、环保措施

（1）钢筋加工的机械必须保证安全装置齐全有效。

（2）钢筋加工场地必须设专人看管，各种加工机械在作业人员下班后一定要拉闸断电，非钢筋加工人员不得擅自进入钢筋加工场地。

（3）钢筋切断机启动前，必须检查切刀应无裂纹，刀架螺栓紧固，防护罩牢靠。

（4）钢筋切断机切断时，必须使用切刀的中下部，紧握钢筋对准刀口迅速送下。

（5）切断短料时，手和切刀之间的距离应保持 150mm 以上，如握端小于 400mm 时，应用套管或夹具将钢筋断头压住或夹牢。

（6）运转中，严禁用手直接清除切刀的断头和杂物，钢筋摆动时，周围和切刀附近非操作人员不得停留。

（7）钢筋弯曲机作业时，严禁更换芯轴、销子和变换角度以调整等作业，更不得加油或清扫。

（8）严禁在弯曲钢筋的作业半径内和机身固定销的一侧站人，弯曲好的半成品应堆放整齐，弯钩不得朝上。

（9）滚轧直螺纹套丝机的操作人员必须经过专业培训，持上岗证。

（10）套丝机的油泵要经常检查，发现有漏油现象时要停止加工，修好后再生产。

（11）后台成品加工的人员必须将废料分类摆放整齐，严禁钢筋加工区废料随意摆放。

（12）在加工场所作业时，必须按工完场清和一日一清的规定执行。

（13）钢筋加工过程中噪声过大时，应采取防护棚进行隔声。

1.2 柱钢筋安装

1.2.1 施工工艺流程

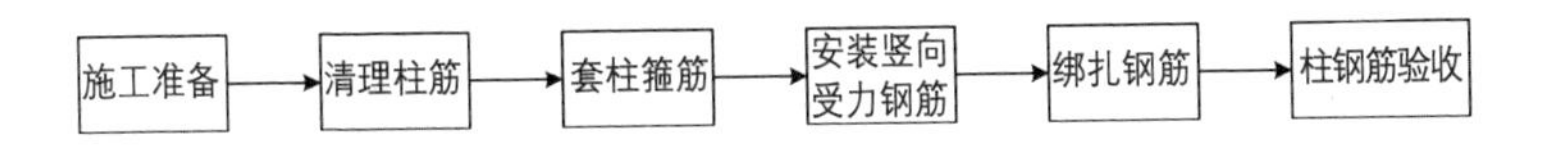

1.2.2 施工工艺标准图

序号	施工步骤	材料、机具准备	工艺要点	效果展示
1	施工准备	成型钢筋	（1）按图纸和操作工艺标准向班组进行交底，对钢筋绑扎安装顺序予以明确规定。 （2）施工方案中，对于锚固、搭接、连接等各节点的应用应明确，统一方案、施工、验收依据。 （3）材料准备：成型钢筋、钢丝、垫块等到位。 （4）主要机具准备到位	
2	清理柱钢筋	水管、钢丝刷	（1）下层伸出的柱纵向筋或插筋上的混凝土、油渍、锈斑和其他污物应清理干净。 （2）复核柱主筋定位情况，确保柱主筋保护层厚度满足设计要求，主筋均匀排布	
3	套柱箍筋	盘扣架、成型箍筋	（1）按图纸要求间距计算好每根柱箍筋数量。 （2）箍筋弯钩叠合处沿柱四角错开摆放。 （3）先将箍筋套在下层伸出的钢筋上	箍筋弯钩叠合处沿柱四角错开摆放

续表

序号	施工步骤	材料、机具准备	工艺要点	效果展示
4	安装竖向受力钢筋	套筒、钢扳手	（1）柱竖向钢筋连接方式一般为机械、焊接和绑扎连接。 （2）同一构件中相邻纵向受力钢筋的绑扎搭接接头宜相互错开。 （3）接头宜避开柱端箍筋加密区。 （4）将合格与不合格的接头分别标识出来	
5	画箍筋间距线	尺子、记号笔	在柱对角纵向钢筋上画箍筋定位线，且柱第一道箍筋的位置离板面 50mm；箍筋间距控制线偏差控制在 20mm 以内	
6	绑扎钢筋	扎丝、扎丝钩	（1）箍筋一般由上往下绑扎，采用缠扣绑扎，按照箍筋定位线套箍筋。 （2）箍筋与主筋要垂直，箍筋转角处与主筋交点均要绑扎，主筋与箍筋非转角部分的相交点呈梅花状交错绑扎。 （3）设计要求箍筋设拉筋时，拉筋应钩住箍筋外面。 （4）柱筋保护层厚度：垫块（水泥垫块、塑料垫块）应绑在柱竖筋外皮上，间距一般为 1000mm	 起始箍筋离地5cm

续表

序号	施工步骤	材料、机具准备	工艺要点	效果展示
7	柱钢筋验收	—	（1）钢筋的型号、规格必须符合设计要求和有关标准的规定，并需经检验合格。 （2）钢筋的表面必须清洁。 （3）钢筋规格、形状、尺寸、数量、间距、锚固长度、接头位置，必须符合设计要求和施工规范的规定。 （4）钢筋焊接或机械连接接头的机械性能，必须符合钢筋焊接及机械连接验收的专门规定。 （5）钢筋保护层厚度措施到位	

1.2.3 控制措施

序号	预控项目	产生原因	预控措施
1	同一连接区段接头过多、接头位置不对	钢筋配料疏忽大意，没有认真安排材料下料长度的合理搭配	接头设置均应按受拉区的规定办理；如果在钢筋安装过程中安装人员与配料人员对受拉或受压区理解不同，则应讨论解决或征询设计人员意见
2	露筋	（1）保护层垫块垫得太稀或脱落。 （2）由于钢筋成型尺寸不准确，或钢筋骨架绑扎不当，造成骨架外形尺寸偏大，局部抵触模板。 （3）钢筋偏位也容易造成露筋现象	（1）垫块垫得适量可靠。 （2）为使保护层厚度准确，需用钢丝将钢筋骨架拉向模板，挤牢垫块。 （3）浇筑混凝土过程中及时做好钢筋偏位纠正情况

续表

序号	预控项目	产生原因	预控措施
3	钢筋遗漏	（1）施工管理不当，没有深入熟悉图纸内容和研究各级钢筋安装顺序。 （2）钢筋设计需变径，但现场遗漏反插钢筋	（1）在熟悉图纸的基础上，仔细研究各型号钢筋绑扎安装顺序和步骤。 （2）在混凝土浇筑前，应仔细核对下层柱钢筋设计是否需要变径，若需要则应反插相应规格钢筋
4	箍筋弯钩形式不对	（1）忽视规范规定的弯钩形式应用范围。 （2）配料任务多，各种弯钩形式取样混乱	熟悉半圆（180°）弯钩、直（90°）弯钩、斜（135°）弯钩的应用范围和相关规定，特别是对于斜弯钩，其是用于有抗震要求和受扭的结构，在钢筋加工的配料过程中要注意在图纸上标注和说明
5	钢筋绑扎不到位 钢筋偏位 箍筋间距不对	（1）钢筋绑扎安装不牢、随意、未绑扎。 （2）柱竖向筋未定位复核。 （3）未画线绑扎	（1）钢筋绑扎安装到角、排柱。 （2）柱竖向筋未定位复核。 （3）未画线绑扎

1.2.4 技术交底

1.2.4.1 施工准备

1. 材料要求

（1）成型钢筋：必须符合配料单要求的规格、尺寸、形状、数量，并应有加工出厂合格证。

（2）垫块：用细石混凝土预制成 25mm 厚垫块或用塑料垫块。

2. 施工机具

钢筋钩子、钢筋扳子、小撬棍、脚手架、钢丝刷、绑扎架、断火烧丝铡刀、粉笔、钢筋运输车等。

3. 作业条件

（1）钢筋绑扎前，应检查有无锈蚀现象，除锈之后再运至绑扎部位。

（2）熟悉图纸，按设计要求检查已加工好的钢筋规格、形状、数量是否正确。

（3）做好抄平放线工作，注明水平标高，弹出柱的外皮尺寸线。

（4）根据弹好的外皮尺寸线，检查下层预留搭接钢筋的位置、数量、长度，如不符合要求时，应进行处理。绑扎前先整理调直下层伸出的搭接筋，并将锈皮、水泥浆等污垢清除干净。

（5）根据标高检查下层伸出搭接筋处的混凝土表面标高（柱顶）是否符合图纸要求，如有松散不实之处要剔除，清理干净。

（6）模板安装完办理预检，并清理干净模内的木屑及杂物。

（7）按要求搭好脚手架。

（8）根据设计图纸要求和工艺标准向班组进行技术交底。

1.2.4.2 操作工艺

1. 工艺流程

套柱箍筋→安装竖向受力筋→画箍筋间距线→绑箍筋。

2. 施工要点

（1）套柱箍筋：按图纸要求间距，计算好每根柱箍筋数量，先将箍筋套在下层伸出的搭接筋上。

（2）安装竖向受力筋：立柱子钢筋，在搭接长度内，绑扣不少于三个，绑扣要向柱内，便于箍筋向上移动。绑扎接头的搭接长度应符合设计要求。绑接接头的位置应相互错开：当采用绑扎搭接接头时，应在规定的搭接长度的任一区段内（焊接接头时在焊接接头处 35d 且不小于 500mm 区段内）。

（3）画箍筋间距线：在立好的柱子竖向钢筋上，用粉笔画出箍筋间距。

（4）柱箍筋绑扎：将已套好的箍筋往上移动，由上往下宜采用缠扣绑扎。箍筋与主筋要垂直，箍筋转角与主筋交点均要绑扎，主筋与箍筋非转角部分的相交点成梅花状交错绑扎。箍筋的接头即弯钩叠合处应沿柱子竖筋交错布置绑扎。柱上、下两端箍筋应加密，加密区长度及箍筋的间距均应符合设计要求。如设计要求箍筋设拉筋时，拉筋应钩住箍筋。柱筋保护层垫块应绑在柱竖筋外皮上，间距一般 1000mm 左右（或用塑料卡卡在外竖筋上），以保证主筋保护层厚度尺寸正确。

1.2.4.3 质量标准

1. 保证项目

（1）钢筋的品种和质量必须符合设计要求和有关标准的规定。

（2）带有颗粒状和片状老锈，经除锈后仍留有麻点的钢筋，严禁按原规格使用。钢筋表面应保持清洁。

（3）钢筋的规格、形状、尺寸、数量、锚固长度、接头设置必须符合设计要求和施工规范规定。

（4）钢筋闪光对焊接头的机械性能结果必须符合钢筋焊接及验收规定。

2. 基本项目

（1）缺扣、松扣的数量不超过绑扣数的 10%且不应集中。

（2）弯钩的朝向应正确。绑扎接头应符合施工规范的规定，搭接长度不小于规定值。

（3）箍筋的间距数量应符合设计要求，有抗震要求时，弯钩角度为 135°，弯钩平直长度为 10d。

3. 允许偏差项目

项次	项目		允许偏差（mm）	检验方法
1	绑扎钢筋网	长、宽	±10	尺量
2		网眼尺寸	±20	尺量连续三档，取最大值偏差
3	绑扎钢筋骨架	长	±10	尺量
4		宽、高	±5	尺量
5	纵向受力钢筋	锚固长度	−20	尺量
6		间距	±10	尺量两端、中间各一点，取最大偏差值
7		排距	±5	
8	纵向受力钢筋、箍筋的混凝土保护层厚度	柱	±3	尺量
9	绑扎箍筋、横向钢筋间距		±20	尺量连续三档，取最大值偏差
10	钢筋弯起点位置		20	尺量
11	预埋件	中心线位置	5	尺量
12		水平高差	+3，0	塞尺量测

1.2.4.4 成品保护

（1）浇筑混凝土时，伸出楼层的柱筋套上 PVC 管，以免混凝土溅到钢筋上。

（2）绑扎钢筋时禁止碰动预埋件及洞口模板。

（3）安装预埋件时不得任意切断和移动钢筋。

1.2.4.5 安全、环保措施

（1）钢筋在运输过程中要轻拿轻放，严禁随意抛掷。

（2）起吊钢筋，下方禁止站人，待骨架降落至距安全标高 1m

以内方准靠近，并等就位支撑好后，方可摘钩。

（3）绑扎柱子钢筋时，禁止使用木枋、钢管等材料卡在箍筋内部为操作平台，必须使用钢管、扣件搭设正规架体用于操作。

（4）绑扎丝严禁随意丢放，扎丝头及时进行清理；套筒塑料保护帽及时进行回收，避免污染环境。

（5）人工搬运钢筋时，步伐要一致。当上下坡（桥）或转弯时，要前后呼应，步伐稳慢。注意钢筋头尾摆动，防止碰撞物体或打击人身，特别要防止碰挂周围和上下的电线。上肩或卸料时要互相打招呼，注意安全。

（6）注意钢筋切勿碰触电源，严禁钢筋靠近高压线路，钢筋与电源线路的安全距离应符合要求。

（7）钢筋除锈时，操作人员要戴好防护眼镜、口罩、手套等防护用品，并将袖口扎紧。

（8）使用电动除锈时，应先检查钢丝刷固定有无松动，检查封闭式防护罩装置、吸尘设备和电气设备的绝缘及接地是否良好等情况，防止发生机械和触电事故。

（9）送料时，操作人员要侧身操作，严禁在除锈机的正前方站人；长料除锈要两人操作，互相呼应，紧密配合。

（10）临时堆放钢筋，不得过分集中，应考虑模板或桥道的承载能力。在新浇筑楼板混凝土凝固尚未达到 1.2MPa 强度前，严禁堆钢筋。

1.3 墙钢筋安装

1.3.1 施工工艺流程

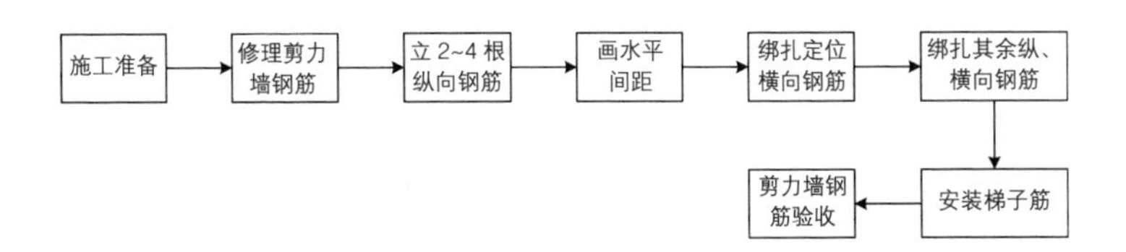

1.3.2 施工工艺标准图

序号	施工步骤	材料、机具准备	工艺要点	效果展示
1	施工准备	扎丝、成型钢筋	（1）按图纸和操作工艺标准向班组进行交底，对钢筋绑扎安装顺序予以明确规定。 （2）施工方案中，对于锚固、搭接、连接等各节点的应用应明确，统一方案、施工、验收依据。 （3）材料准备：成型钢筋、钢丝、垫块等到位。 （4）主要机具准备到位	
2	修理剪力墙钢筋	水管、钢丝刷	下层伸出的墙纵向筋或插筋上的混凝土、油渍、锈斑和其他污物应清理干净	

续表

序号	施工步骤	材料、机具准备	工艺要点	效果展示
3	立2 ~ 4根纵向钢筋，画水平间距，绑扎定位横向钢筋	成型钢筋	（1）先立2 ~ 4根纵向筋，并画好横筋分档标志，然后于下部及齐胸处绑两根定位水平筋，并在横筋上画好纵筋分档标志。 （2）剪力墙中有暗梁、暗柱时，应先绑暗梁、暗柱再绑周围横筋	
4	安装竖向受力钢筋	套筒、钢扳手	（1）剪力墙纵向钢筋一般为绑扎连接。 （2）同一构件中相邻纵向受力钢筋的绑扎搭接接头宜相互错开。 （3）纵、横向钢筋交叉位置应满扎，间距符合设计要求	
5	安装梯子筋	扎丝、扎丝钩	（1）竖向梯子筋采用比墙体筋大一个规格的钢筋焊接而成，代替原墙筋并与其他墙筋绑扎到一起，一同浇筑混凝土；竖向梯子筋接头同原墙体竖筋一样按要求错开；沿墙高在竖向梯子筋上设3 ~ 4道顶模支撑，长度等于墙厚减2mm（每端减1mm），顶模支撑两端刷防锈漆（每端长度为保护层厚度），梯子钢筋按2m间距放置，每个柱（暗柱）之间不少于两个。	剪力墙竖向梯子筋 B为长度＝墙厚－2×水平筋直径；L为墙体水平筋的竖向间距 剪力墙水平梯子筋 B＝墙厚－2×保护层－2×（水平筋直径＋竖向筋直径）；L为墙体竖筋间距

续表

序号	施工步骤	材料、机具准备	工艺要点	效果展示
5	安装梯子筋	扎丝、扎丝钩	（2）在每层墙体的上口设置一道水平向梯子筋，水平梯子筋位于墙顶接槎处，待墙体混凝土浇筑有强度后，拆下可重复使用	
6	剪力墙钢筋验收	—	（1）钢筋的品种和质量必须符合设计要求和有关标准的规定。 （2）钢筋的表面必须清洁。 （3）钢筋保护层厚度措施到位	

1.3.3 控制措施

序号	预控项目	产生原因	预控措施
1	钢筋保护层厚度不足	（1）未按照要求设置垫块或垫块数量不足。 （2）未按照要求设置梯子筋，纵向钢筋无有效定位措施	（1）按照要求设置塑料垫块或混凝土垫块，若使用混凝土垫块，垫块制作时需埋入扎丝以便于绑扎固定，垫块绑扎时扎丝丝头需朝向构件内部，避免生成锈点。 （2）严格按照要求设置梯子筋
2	剪力墙水平钢筋端部锚固长度不足	水平钢筋施工时未考虑墙内边缘约束构件等	（1）钢筋下料时需考虑到不同情况下锚固长度的要求，避免下料长度不足。 （2）当剪力墙端部有翼墙或转角墙时，内墙两侧的水平分布钢筋和外墙内侧的水平分布钢筋应伸至翼墙或转角墙外侧，并分别向两侧水平弯折后截断，其水平弯折长度不宜小于 15d

续表

序号	预控项目	产生原因	预控措施
3	拉钩布置有误或数量不足	（1）剪力墙拉钩歪斜，导致墙体内外侧钢筋间距变小。 （2）未按照要求布置拉钩，尤其是梅花形拉钩的布置	（1）拉钩绑扎时需注意使拉钩垂直于墙体，拉钩两端固定在钢筋网交点位置，避免拉钩歪斜，减小墙体的有效面积。 （2）按照设计和规范要求设置拉钩数量和位置，尤其是梅花形布置，需明确拉钩布置方法，并注意与矩形布置的区别

1.3.4 技术交底

1.3.4.1 施工准备

1. 材料要求

（1）成型钢筋：必须符合配料单要求的规格、尺寸、形状、数量，并应有加工出厂合格证。

（2）垫块：用细石混凝土预制成 20mm 厚垫块或用塑料垫块。

2. 施工机具

钢筋钩子、钢筋扳子、小撬棍、脚手架、钢丝刷、绑扎架、断火烧丝铡刀、粉笔、钢筋运输车等。

3. 作业条件

（1）加工配制好的钢筋进场后，应检查是否有出厂证明、复试报告，并按施工平面图中指定的规格、部位、编号分别加垫木堆放。

（2）钢筋绑扎前，应检查有无锈蚀现象，除锈之后再运至绑扎部位。

（3）熟悉图纸，按设计要求检查已加工好的钢筋规格、形状、数量是否正确。

（4）做好抄平放线工作，注明水平标高，弹出墙的外皮尺寸线。

（5）根据弹好的外皮尺寸线，检查下层预留搭接钢筋的位置、数量、长度，如不符合要求时，应进行处理。绑扎前先整理调直下层伸出的搭接筋，并将锈皮、水泥浆等污垢清除干净。

（6）根据标高检查下层伸出搭接筋处的混凝土表面标高（墙顶）是否符合图纸要求，如有松散不实之处要剔除，清理干净。

（7）模板安装完办理预检，并清理干净模内的木屑及杂物。

（8）根据设计图纸要求和工艺标准向班组进行技术交底。

1.3.4.2 操作工艺

1. 工艺流程

清理钢筋→立 2 ~ 4 根竖筋与搭接筋绑牢→画水平筋间距→绑定位横筋→绑扎其余横、竖钢筋→安装梯子筋。

2. 施工要点

（1）清理钢筋：将剪力墙上钢筋粘上的脏物清理干净。

（2）立 2 ~ 4 根竖筋与搭接筋绑牢：先立 2 ~ 4 根竖筋，与下层伸出的搭接筋绑扎，竖筋与伸出搭接筋搭接处需绑三根水平横筋，其搭接长度及位置均要符合设计要求。

（3）画水平筋间距：画好水平筋的分档标志，在下部及齐胸处绑两根横筋定位，并在横筋上画好分档标志。

（4）绑扎其余横、竖钢筋：绑其余竖筋，最后再绑其余横筋；横筋放在里面或外面应符合设计要求。剪力墙钢筋应逐点绑扎，双排钢筋之间应绑拉筋和支撑筋，其纵横间距不大于 600mm，钢筋外皮绑扎垫块或用塑料卡；剪力墙与框架柱连接处，剪力墙水平横筋应锚固到框架柱内，其锚固长度要符合设计要求。如果先浇筑柱混凝土，柱内还要预埋连接筋（或铁件），其预埋长度或焊在预埋件上的焊缝长度均应符合设计要求；剪力墙水平钢筋在两端头、转角、十字节点、连梁等部位的锚固长度及洞口周围加固筋等均应符合设计抗震要求；合模后，对伸出的竖向钢筋应进行修整，宜在搭接处绑一道横筋定位，浇筑混凝土时专人看管，浇筑后再次调整以保证钢筋位置准确。

1.3.4.3 质量标准

1. 保证项目

1）钢筋的品种和质量必须符合设计要求和有关标准的规定。

2）钢筋经除锈后仍留有麻点的钢筋，严禁按原规格使用。钢筋表面应保持清洁。

3）钢筋的规格、尺寸、数量、锚固长度、接头设置必须符合设计要求和施工规范规定。

4）钢筋闪光对焊接头的机械性能结果必须符合钢筋焊接及验收规定。

2. 基本项目

1）缺扣、松扣的数量不超过绑扣数的 10%且不应集中。

2）弯钩的朝向应正确。绑扎接头应符合施工规范的规定，搭接长度不小于规定值。

3）箍筋的间距数量应符合设计要求，有抗震要求时，弯钩角度为 135°，弯钩平直长度为 10d。

3. 允许偏差项目

项次	项目		允许偏差(mm)	检验方法
1	绑扎钢筋网	长、宽	±10	尺量
2		网眼尺寸	±20	尺量连续三档，取最大值偏差

续表

项次	项目		允许偏差(mm)	检验方法
3	绑扎钢筋骨架	长	±10	尺量
4		宽、高	±5	尺量
5	纵向受力钢筋	锚固长度	−20	尺量
6		间距	±10	尺量两端、中间各一点，取最大偏差值
7		排距	±5	尺量
8	纵向受力钢筋、箍筋的混凝土保护层厚度	墙	±5	尺量
9	绑扎箍筋、横向钢筋间距		±20	尺量连续三档，取最大值偏差
10	钢筋弯起点位置		20	尺量
11	预埋件	中心线位置	5	尺量
12		水平高差	+3，0	塞尺量测

1.3.4.4 成品保护

（1）浇筑混凝土时，伸至上层的柱筋套上 PVC 管，以免混凝土溅到上层的钢筋上。

（2）绑扎钢筋时禁止碰动预埋件及洞口模板。

（3）安装预埋件时不得任意切断和移动钢筋。

1.3.4.5 安全、环保措施

（1）钢筋在运输过程中要轻拿轻放，严禁随意抛掷。

（2）起吊钢筋，下方禁止站人，待骨架降落至距安全标高 1m 以内方准靠近，并等就位支撑好后方可摘钩。

（3）绑扎丝严禁随意丢放，扎丝头及时清理；套筒塑料保护帽

及时回收，避免污染环境。

（4）人工搬运钢筋时，步伐要一致。当上下坡（桥）或转弯时，要前后呼应，步伐稳慢。注意钢筋头尾摆动，防止碰撞物体或打击人身，特别要防止碰挂周围和上下的电线。上肩或卸料时要互相打招呼，注意安全。

（5）临时堆放钢筋，不得过分集中，应考虑模板或桥道的承载能力。在新浇筑楼板混凝土凝固尚未达到1.2MPa强度前，严禁堆钢筋。

1.4 梁钢筋安装

1.4.1 施工工艺流程

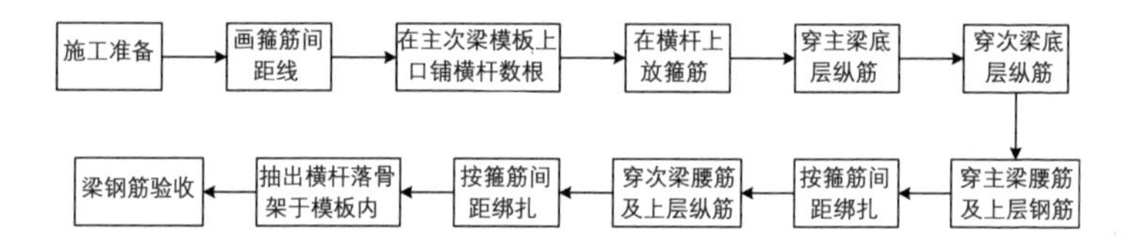

1.4.2 施工工艺标准图

序号	施工步骤	材料、机具准备	工艺要点	效果展示
1	画箍筋间距线	尺子、记号笔	（1）按照设计图纸要求的间距在梁侧模板上画箍筋定位线，箍筋间距控制线偏差控制在20mm以内。 （2）梁端部第一个箍筋应在距离柱节点边缘50mm处。 （3）梁端部箍筋的加密长度及箍筋间距均应满足设计要求	

续表

序号	施工步骤	材料、机具准备	工艺要点	效果展示
2	在主次梁模板上口铺横杆数根	木枋、圆钢管	横杆间距控制在 1.5m 以内	
3	在纵筋上面套箍筋	成型钢筋	（1）按照箍筋定位线放箍筋，箍筋封闭口摆放在梁顶两侧边，左右间隔摆放。 （2）梁内两排筋绑扎应紧贴箍筋端头弯钩下部，如做成封闭箍，亦应满足钢筋外边缘上下间距 25mm	
4	穿主梁、次梁底层纵筋	成型钢筋	（1）下部纵筋伸入中间节点的锚固长度及伸过中心线的长度应符合设计要求，在端部节点内的锚固长度也要符合设计要求。 （2）接头应互相错开，受拉区搭接接头任一区域内有接头的受力钢筋截面面积占受力钢筋总截面面积比例不得大于 50%	 
5	穿主梁、次梁腰筋及上层钢筋	成型钢筋	（1）框架梁上部纵筋应贯穿中间节点。 （2）纵向钢筋在端节点内的锚固长度应符合设计要求。 （3）接头形式及接头尺寸符合要求	

续表

序号	施工步骤	材料、机具准备	工艺要点	效果展示
6	按箍筋间距绑扎	扎丝、扎丝钩	（1）箍筋与主筋要垂直，箍筋转角处与主筋交点均要绑扎，主筋与箍筋非转角部分的相交点呈梅花状交错绑扎。 （2）梁上部纵向钢筋的箍筋，宜采用套扣法。 （3）梁板柱接头不同强度等级混凝土部位绑扎钢板网进行隔挡。 （4）柱、墙混凝土设计强度比梁、板混凝土设计强度高两个等级及以上时，在交界区域低强度构件中，且距高强度等级边缘不应小于500mm范围的位置绑扎钢板网，钢板网依据梁钢筋的位置、规格开口，并用扎丝绑扎于附加固定钢筋上，附加固定钢筋应与梁箍筋焊接牢固。当设计有要求时，按设计要求距离	
7	抽出横杆落骨架于模板内	—	（1）抽横杆之前，确保垫块位置及间距满足要求。 （2）箍筋与主筋应相互垂直。 （3）两侧保护层均匀，且符合保护层厚度要求	
8	梁钢筋验收	—	（1）钢筋的规格和质量必须符合设计要求和有关标准的规定。 （2）钢筋的表面必须清洁。 （3）钢筋保护层厚度措施到位	

1.4.3 控制措施

序号	预控项目	产生原因	预控措施
1	同连接区段接头过多	钢筋配料时疏忽大意，没有认真安排原材料下料长度的合理搭配	接头位置应按照设计及规范要求设置
2	露筋	（1）保护层垫块垫得太稀或脱落。 （2）由于钢筋成型尺寸不准确，或钢筋骨架绑扎不当，造成骨架外形尺寸偏大，局部抵触模板	（1）垫块垫得适量、可靠。 （2）为使保护层厚度准确，需用钢丝将钢筋骨架拉向模板，挤牢垫块
3	箍筋弯钩形式不对	（1）忽视规范规定的弯钩形式应用范围。 （2）配料任务多，各种弯钩形式取样混乱	熟悉半圆（180°）弯钩、直（90°）弯钩、斜（135°）弯钩的应用范围和相关规定，特别是对于斜弯钩，其是用于有抗震要求和受扭的结构，在钢筋加工的配料过程中要注意在图纸上标注和说明
4	梁箍筋被压弯	梁的高度较大，但图纸上未设纵向构造钢筋和拉筋	（1）当梁的截面高度超过700mm时，在梁的两侧面沿高度每隔300～400mm应设置一根直径不小于10mm的纵向构造钢筋。 （2）纵向构造钢筋用拉筋联系，拉筋直径与箍筋相同，每隔3～5个箍筋放置一个拉筋
5	梁底筋和腰筋未绑扎，底筋未分层，梁箍筋与主筋不垂直	梁钢筋在模板外绑扎或模板内绑扎选择不正确	选择正确、合理的绑扎方法，若梁截面超过一定高度，宜选择模内钢筋绑扎方法，梁侧模后封闭

1.4.4 技术交底

1.4.4.1 施工准备

1. 材料要求

（1）成型钢筋：必须符合配料单要求的规格、尺寸、形状、数量，并应有加工出厂合格证。

（2）垫块：用细石混凝土预制成 25mm 厚垫块或用塑料垫块。

2. 施工机具

钢筋钩子、钢筋扳子、小撬棍、脚手架、钢丝刷、绑扎架、断火烧丝铡刀、粉笔、钢筋运输车等。

3. 作业条件

（1）加工配制好的钢筋进场后，应检查是否有出厂证明、复试报告，并按施工平面图中指定的规格、部位、编号分别加垫木堆放。

（2）钢筋绑扎前，应检查有无锈蚀现象，除锈之后再运至绑扎部位。

（3）熟悉图纸，按设计要求检查已加工好的钢筋规格、形状、数量是否正确。

（4）模板安装完办理预检，并清理干净模内的木屑及杂物。

（5）按要求搭好脚手架防护。

（6）根据设计图纸要求和工艺标准向班组进行技术交底。

1.4.4.2 操作工艺

1. 工艺流程

模内绑扎：画主、次梁箍筋间距线→放主、次梁箍筋→穿主梁底层纵筋并与箍筋固定住→穿次梁底层纵筋并与箍筋固定住→穿主梁上层纵向架立筋及弯起钢筋→按箍筋间距绑牢→绑主梁底层纵向筋→穿次梁上层纵向筋→按箍筋间距绑牢。

模外绑扎（先在梁模上口绑扎成型后再入模）：画箍筋间距线→在主次梁模上口铺横杆数根→放箍筋→穿主梁下层纵筋→穿次梁下层纵筋→穿主梁上层纵筋→按箍筋间距绑牢→绑主梁下层纵筋→穿次梁上层纵筋→按箍筋间距绑牢→绑次梁下层纵筋→抽横杆→落骨架于模板内。

2. 施工要点

（1）画箍筋间距线：在模板侧帮上画箍筋间距线后，在 1 ~ 2 根梁纵筋上摆放箍筋。

（2）穿主次梁纵筋：框架梁上部纵向钢筋应贯穿中间节点，梁下部纵向钢筋伸入中间节点的锚固长度及伸过中心线的长度均要符合设计要求；框架梁纵向钢筋在端节点内的锚固长度也要符合设计要求；受力筋为双排时，可用短钢筋垫在两层钢筋之间，钢筋排距应符合设计要求。

（3）绑扎箍筋：梁上部纵向筋的箍筋宜用套扣法绑扎；箍筋叠合处的弯钩，在梁中应交错绑扎，箍筋弯钩为 135°，平直长度为 10*d*，如做成封闭箍时，单面焊缝长度为 5*d*；梁端第一个箍筋设置在距离柱节点边缘 50mm 处；梁端与柱交接处箍筋加密，其间距及加密区长度要符合设计要求；在主、次梁受力筋下均垫保护层垫块（或塑料卡），保证保护层的厚度。

（4）梁筋搭接：梁的受拉钢筋直径大于 22mm 时，不宜采用绑扎接头，小于 22mm 时可采用绑扎接头。搭接长度应符合设计要求；搭接长度的末端与钢筋弯曲处的距离，不得小于钢筋直径的 10 倍；接头不宜位于构件最大弯矩处，受拉区域内 HPB 235 级钢筋绑扎接头的末端应做弯钩（HRB 335、HRB 400 级可不做弯钩），搭接处应在中心和两端扎牢；接头位置应相互错开，当采用绑扎搭接接头时，在规定搭接长度的任一区段内有接头的受力钢筋截面面积占受力钢筋总截面面积比例，受拉区不大于 25%，受压区不大于 50%。

1.4.4.3 质量标准

1. 保证项目

（1）钢筋的品种和质量必须符合设计要求和有关标准的规定。

（2）带有颗粒状和片状老锈，经除锈后仍留有麻点的钢筋，严禁按原规格使用。钢筋表面应保持清洁。

（3）钢筋的规格、形状、尺寸、数量、锚固长度、接头设置必须符合设计要求和施工规范规定。

（4）钢筋闪光对焊接头的机械性能必须符合钢筋焊接及验收规定。

2. 基本项目

（1）缺扣、松扣的数量不超过绑扣数的 10%且不应集中。

（2）弯钩的朝向应正确。绑扎接头应符合施工规范的规定，搭接长度不小于规定值。

（3）箍筋的间距、数量应符合设计要求，有抗震要求时，弯钩角度为 135°，弯钩平直长度为 10d。

3. 允许偏差项目

项次	项目		允许偏差（mm）	检验方法
1	绑扎钢筋网	长、宽	±10	尺量
2		网眼尺寸	±20	尺量连续三档，取最大值偏差
3	绑扎钢筋骨架	长	±10	尺量
4		宽、高	±5	尺量
5	纵向受力钢筋	锚固长度	−20	尺量
6		间距	±10	尺量两端、中间各一点，取最大偏差值
7		排距	±5	

续表

项次	项目		允许偏差（mm）	检验方法
8	纵向受力钢筋、箍筋的混凝土保护层厚度	梁	±5	尺量
9	绑扎箍筋、横向钢筋间距		±20	尺量连续三档，取最大偏差值
10	钢筋弯起点位置		20	尺量
11	预埋件	中心线位置	5	尺量
12		水平高差	+3，0	塞尺量测

1.4.4.4 成品保护

（1）绑扎钢筋时禁止碰动预埋件及洞口模板。

（2）安装预埋件时不得任意切断和移动钢筋。

1.4.4.5 安全、环保措施

（1）钢筋在运输过程中要轻拿轻放，严禁随意抛掷。

（2）起吊钢筋，下方禁止站人，待骨架降落至距安全标高 1m 以内方准靠近，并等就位支撑好后，方可摘钩。

（3）电焊、切割、打磨等作业尽量在室内进行，左右及前面要有遮挡，防止光泄漏。如果必须在室外进行发光作业，必须采取有效的挡光措施。

（4）气割和焊接一般要求在敞开环境中作业，若在密闭的房间或地下室通风不畅场所作业人员必须戴防尘口罩，另外还应采取通风措施。

（5）绑扎丝严禁随意丢放，扎丝头及时进行清理；套筒塑料保护帽及时进行回收，避免污染环境。

（6）人工搬运钢筋时，步伐要一致。当上下坡（桥）或转弯时，要前后呼应，步伐稳慢。注意钢筋头尾摆动，防止碰撞物体或打击人身。

1.5 板钢筋安装

1.5.1 施工工艺流程

施工准备→清理模板→弹板筋排列线→绑扎下层钢筋→放置马凳筋→绑扎上层钢筋→板面钢筋验收

1.5.2 施工工艺标准图

序号	施工步骤	材料、机具准备	工艺要点	效果展示
1	清理模板	扫把	将模板上的混凝土、油渍、木屑及其他杂物清理干净	
2	弹板筋排列线	尺子、记号笔	（1）照设计图纸要求的间距在板模上画出主筋及分布筋排列线，排列线偏差控制在10mm以内。 （2）画线时，一般情况下，距离梁构件外边缘间距为板筋间距的一半	
3	绑板下层钢筋	扎丝、扎丝钩	（1）在模板上按照间距1.5m垫好垫块，垫块厚度等于保护层厚度，应满足设计要求。 （2）根据已画好的排列线，在模板上先摆放主筋，再摆放分布筋。 （3）绑扎板筋时用顺扣或八字扣，除外围两根钢筋的相交点应全部绑扎外，	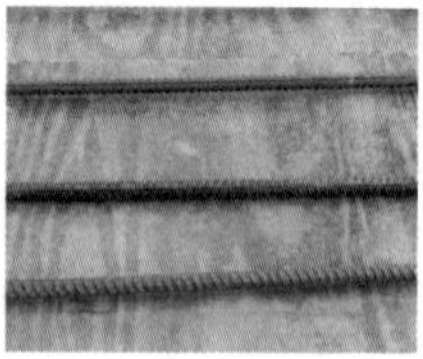

续表

序号	施工步骤	材料、机具准备	工艺要点	效果展示
3	绑板下层钢筋	扎丝、扎丝钩	其余各点可交错绑扎（双向板相交点需全部绑扎）。 （4）现浇板中有板带梁时，应先绑板带梁钢筋	
4	放置马凳筋	马凳筋	面筋及底筋之间应按照设计间距放置钢筋支撑或马凳筋，并与板筋绑扎牢靠	
5	绑板上层钢筋	扎丝、扎丝钩、成型钢筋	（1）面层钢筋纵横向的先后顺序应符合设计要求。 （2）上层钢筋间距同底层钢筋间距。 （3）负弯矩钢筋每个交点均要绑扎，其余与底筋相同；绑扎板筋时用顺扣或八字扣	
6	板钢筋验收	—	（1）钢筋的品种和质量必须符合设计要求和有关标准的规定。 （2）钢筋的表面必须清洁。 （3）钢筋规格、形状、尺寸、数量、间距、锚固长度、接头位置，必须符合设计要求和施工规范的规定。 （4）钢筋保护层厚度措施到位。 （5）搭设规范的马道，注意成品保护	

1.5.3 控制措施

序号	预控项目	产生原因	预控措施
1	同连接区段接头过多	钢筋配料时疏忽大意，没有认真安排原材料下料长度的合理搭配	接头位置应按照设计及规范要求设置
2	露筋	（1）保护层垫块垫得太稀或脱落。 （2）由于钢筋成型尺寸不准确，或钢筋骨架绑扎不当，造成骨架外形尺寸偏大，局部抵触模板	（1）垫块垫得适量、可靠。 （2）为使保护层厚度准确，需用钢丝将钢筋骨架拉向模板，挤牢垫块
3	薄板露钩	浇筑混凝土后发现薄板表面有钢筋弯钩露出。因板薄，钢筋弯钩立起高度超过板厚，但一般规定（或图上画的）绑扎钢筋都是弯钩朝上，按习惯绑扎后造成露钩	检查弯钩立起高度是否超过板厚，如超过，则将弯钩放斜，甚至放倒

1.5.4 技术交底

1.5.4.1 施工准备

1. 材料要求

（1）成型钢筋：必须符合配料单要求的规格、尺寸、形状、数量，并应有加工出厂合格证。

（2）垫块：用细石混凝土预制成 20mm 厚垫块或用塑料垫块。

2. 施工机具

钢筋钩子、钢筋扳子、小撬棍、脚手架、钢丝刷、绑扎架、断火烧丝铡刀、粉笔、钢筋运输车等。

3. 作业条件

（1）加工配制好的钢筋进场后，应检查是否有出厂证明、复试报告，并按施工平面图中指定的规格、部位、编号分别加垫木堆放。

（2）钢筋绑扎前，应检查有无锈蚀现象，除锈之后再运至绑扎部位。

（3）熟悉图纸，按设计要求检查已加工好的钢筋规格、形状、数量是否正确。

（4）模板安装完办理预检，并清理干净模内的木屑及杂物。

（5）按要求搭好脚手架。

（6）根据设计图纸要求和工艺标准向班组进行技术交底。

1.5.4.2 操作工艺

1. 工艺流程

清理模板→模板上画线→绑板下受力筋→绑负弯矩钢筋（上部筋）。

2. 施工要点

（1）清理模板：清扫模板上的刨花、碎木、电线管头等杂物。用粉笔在模板上画好主筋、分布筋间距。

（2）模板上画线：按画好的间距线，先摆受力主筋，后放分布筋，预埋件、电线管、预留孔等及时配合安装。

（3）绑板下受力筋：钢筋搭接长度、位置应符合钢筋绑扎要求；绑扎一般用顺扣或八字扣，除外围两根筋的相交点全部绑扎外，其余各点可交错绑扎（双向板相交点须全部绑扎）。如板为双层钢筋，两层筋之间须加钢筋马凳，以确保上部钢筋的位置。

（4）绑负弯矩钢筋（上部筋）：绑扎负弯矩钢筋，每个扣均要绑扎。最后在主筋下垫砂浆垫块。

1.5.4.3 质量标准

1. 保证项目

（1）钢筋的品种和质量必须符合设计要求和有关标准的规定。

（2）带有颗粒状和片状老锈，经除锈后仍留有麻点的钢筋，严禁按原规格使用。钢筋表面应保持清洁。

（3）钢筋的规格、形状、尺寸、数量、锚固长度、接头设置必须符合设计要求和施工规范的规定。

（4）钢筋闪光对焊接头的机械性能结果必须符合钢筋焊接及验收规定。

2. 基本项目

（1）缺扣、松扣的数量不超过绑扣数的 10%且不应集中。

（2）弯钩的朝向应正确。绑扎接头应符合施工规范的规定，搭接长度不小于规定值。

（3）箍筋的间距、数量应符合设计要求，有抗震要求时，弯钩角度为 135°，弯钩平直长度为 10d。

3. 允许偏差项目

项次	项目		允许偏差（mm）	检验方法
1	绑扎钢筋网	长、宽	±10	尺量
2		网眼尺寸	±20	尺量连续三档，取最大值偏差
3	绑扎钢筋骨架	长	±10	尺量
4		宽、高	±5	尺量
5	纵向受力钢筋	锚固长度	−20	尺量
6		间距	±10	尺量两端、中间各一点，取最大偏差值
7		排距	±5	

续表

项次	项目		允许偏差（mm）	检验方法
8	纵向受力钢筋、箍筋的混凝土保护层厚度	板	±3	尺量
9	绑扎箍筋、横向钢筋间距		±20	尺量连续三档，取最大偏差值
10	钢筋弯起点位置		20	尺量
11	预埋件	中心线位置	5	尺量
12		水平高差	+3，0	塞尺量测

1.5.4.4 成品保护

（1）楼板的弯起钢筋、负弯矩钢筋绑好后，不准踩在上面行走，在浇筑混凝土前保持原有形状，浇筑过程中派钢筋工专门负责修理；板筋上设置操作马道以供行走。

（2）绑扎钢筋时禁止碰动预埋件及洞口模板。

（3）安装预埋件时不得任意切断和移动钢筋。

1.5.4.5 安全、环保措施

（1）钢筋在运输过程中要轻拿轻放，严禁随意抛掷。

（2）起吊钢筋，下方禁止站人，待骨架降落至距安全标高 1m 以内方准靠近，并等就位支撑好后，方可摘钩。

（3）电焊、切割、打磨等作业尽量在室内进行，左右及前面要有遮挡，防止光泄漏。如果必须在室外进行发光作业，必须采取有效的挡光措施。

（4）气割和焊接一般要求在敞开环境中作业，若在密闭的房间或地下室通风不畅场所作业人员必须戴防尘口罩，另外还应采取通风措施。

（5）绑扎丝严禁随意丢放，扎丝头及时进行清理；套筒塑料保护帽及时进行回收，避免污染环境。

（6）人工搬运钢筋时，步伐要一致。当上下坡（桥）或转弯时，要前后呼应，步伐稳慢。注意钢筋头尾摆动，防止碰撞物体或打击人身，特别要防止碰挂周围和上下的电线。上肩或卸料时要互相打招呼，注意安全。

（7）注意钢筋切勿碰触电源，严禁钢筋靠近高压线路，钢筋与电源线路的安全距离应符合要求。

（8）钢筋除锈时，操作人员要戴好防护眼镜、口罩、手套等防护用品，并将袖口扎紧。

（9）使用电动除锈时，应先检查钢丝刷固定有无松动，检查封闭式防护罩装置。

1.6 钢筋直螺纹连接

1.6.1 施工工艺流程

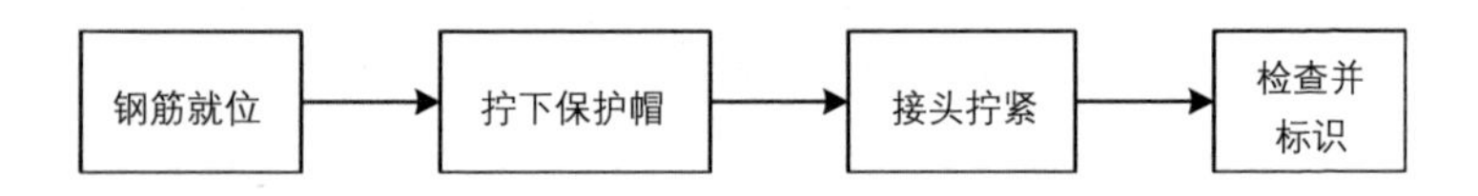

1.6.2 施工工艺标准图

序号	施工步骤	材料、机具准备	工艺要点	效果展示
1	钢筋就位	成型钢筋	将丝头检验合格的钢筋搬运至待连接处	

续表

序号	施工步骤	材料、机具准备	工艺要点	效果展示
2	拧下保护帽	—	拧下钢筋丝头的保护帽	
3	接头拧紧	扳手	使用管钳将连接头拧紧，外露丝扣数（1 ~ 2）P	
4	检查并标识	记号笔	用扭力扳手检查接头力矩值，并对合格的接头作标识	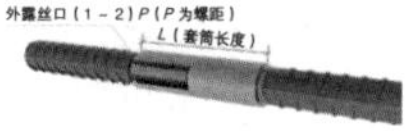  外露丝口（1－2）P（P为螺距） L（套筒长度）

1.6.3 控制措施

预控项目	产生原因	预控措施
外露丝过长	套筒或钢筋丝头锈蚀、端头不平，使钢筋接头处存在缝隙丝头加工长度过长	丝头加工完安装保护帽，半成品不得露天存放，直螺纹加工前钢筋端头平头切割、丝头打磨、检查合格套保护帽，在加工场地贴直螺纹丝头加工标识牌，丝头检查合格方可投入使用

1.6.4 技术交底

1.6.4.1 施工准备

1. 材料要求

（1）成型钢筋：必须符合配料单要求的规格、尺寸、形状、数量，并应有加工出厂合格证。

（2）套筒。

2. 施工机具

扳手。

3. 作业条件

（1）加工配制好的钢筋进场后，应检查是否有出厂证明、复试报告，并按施工平面图中指定的规格、部位、编号分别加垫木堆放。

（2）钢筋绑扎前，应检查有无锈蚀现象，除锈之后再运至绑扎部位。

（3）熟悉图纸，按设计要求检查已加工好的钢筋规格、形状、数量是否正确。

1.6.4.2 操作工艺

1. 工艺流程

钢筋下料→定位标记→套筒连接→质量检查。

2. 施工要点

（1）清除钢筋端头的锈污、泥砂等杂物。如：钢筋端头呈马蹄形，有飞边、弯折或纵肋尺寸超大者，应先矫正或以砂轮修磨。

（2）在钢筋端头作定位标记和检查标记。

（3）要注意钢筋插入套筒的长度，检查定位标记线，防止连接不到位。注意套筒内不得有砂子等杂物。

1.6.4.3 质量标准

（1）安装接头时可用管钳扳手拧紧，钢筋丝头应在套筒中央位置相互顶紧，标准型、正反丝型、异径型接头安装后的单侧外露螺纹不宜超过 $2P$；对无法对顶的其他直螺纹接头，应附加锁紧螺母、顶紧凸台等紧固。

（2）接头安装后应用扭力扳手校核拧紧扭矩，最小拧紧扭矩值应符合下表的规定。

钢筋直径（mm）	≤ 16	18 ~ 20	22 ~ 25	28 ~ 32	36 ~ 40	50
拧紧扭矩（N · m）	100	200	260	320	360	460

1.6.4.4 成品保护

（1）楼板的弯起钢筋、负弯矩钢筋绑好后，不准踩在上面行走，在浇筑混凝土前保持原有形状，浇筑中派钢筋工专门负责修理；板筋上设置操作马道以供行走。

（2）绑扎钢筋时禁止碰动预埋件及洞口模板。

（3）安装预埋件时不得任意切断和移动钢筋。

1.6.4.5 安全、环保措施

（1）钢筋在运输过程中要轻拿轻放，严禁随意抛掷。

（2）起吊钢筋，下方禁止站人，待骨架降落至距安全标高 1m 以内方准靠近，并等就位支撑好后，方可摘钩。

（3）电焊、切割、打磨等作业尽量在室内进行，左右及前面要有遮挡，防止光泄漏。如果必须在室外进行发光作业，必须采取有效的挡光措施。

（4）气割和焊接一般要求在敞开环境中作业，若在密闭的房间或地下室通风不畅场所作业人员必须戴防尘口罩，另外还应采取通风措施。

（5）套筒塑料保护帽及时进行回收，避免污染环境。

（6）人工搬运钢筋时，步伐要一致。当上下坡（桥）或转弯时，要前后呼应，步伐稳慢。注意钢筋头尾摆动，防止碰撞物体或打击人身，特别要防止碰挂周围和上下的电线。上肩或卸料时要互相打招呼，注意安全。

（7）注意钢筋切勿碰触电源，严禁钢筋靠近高压线路，钢筋与电源线路的安全距离应符合要求。

（8）钢筋除锈时，操作人员要戴好防护眼镜、口罩、手套等防护用品，并将袖口扎紧。

2

②

模板工程施工工艺

2.1 墙柱模板施工工艺

2.1.1 施工工艺流程

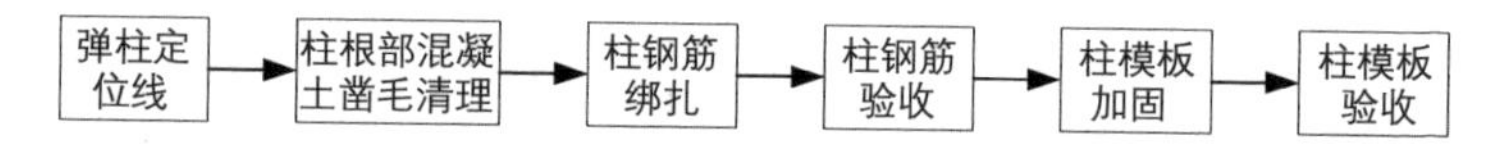

2.1.2 施工工艺标准图

序号	施工步骤	工艺要点	效果展示
1	弹柱定位线	（1）混凝土强度达到 1.2MPa 后按图纸要求弹出横竖向轴线、柱子边线。 （2）沿柱外四周 200mm 弹一道控制线	
2	柱根部混凝土凿毛清理	（1）根部凿毛前沿边线采用云石机切割。 （2）柱边线弹射完成，混凝土强度达到 1.2MPa 后对柱根部混凝土进行凿毛，凿毛面积比例不小于 95%	
3	柱钢筋绑扎、验收	按图纸设计要求去进行钢筋绑扎	
4	柱模板安装	（1）按放线位置先钉好压脚板再安装柱模板。 （2）柱根部缝隙封堵到位，也可采用砂浆将柱根部外围封堵，不宜采取下压海绵条或其他杂物塞填等形式。 （3）柱子截面内部尺寸控制在 +4mm、–5mm 以内，板面拼缝及相邻板面高差应符合规范要求。 （4）柱顶模板采用 U 形整块模板	

续表

序号	施工步骤	工艺要点	效果展示
5	柱模板加固	（1）柱模板采用快易加固件进行加固。 （2）取两片快易加固件弯头向上，首尾反向放置在方柱相对两侧的辅助支架上。 （3）取另外两片快易加固件弯头向下，首尾反向放置在方柱另外两侧的辅助支架上，折弯边缘与模板外缘对齐，尾端依次穿过折弯处。 （4）检查4片快易加固件的连接，确保快易加固件的尾端外缘贴紧快易加固件底部，快易加固件内缘贴紧方柱模板背楞。 （5）取4片快易加固件斜铁放入快易加固件尾端的卡槽内，用锤子依次加固，锤子加固时确保力度均匀以保障模板方正	
6	柱模板验收	（1）检查垂直度前首先对其控制线进行复核，再进行垂直度检查。 （2）模板柱箍和对拉螺杆符合设计要求。 （3）柱根部封堵符合设计要求	

2.2 剪力墙模板施工工艺

2.2.1 施工工艺流程

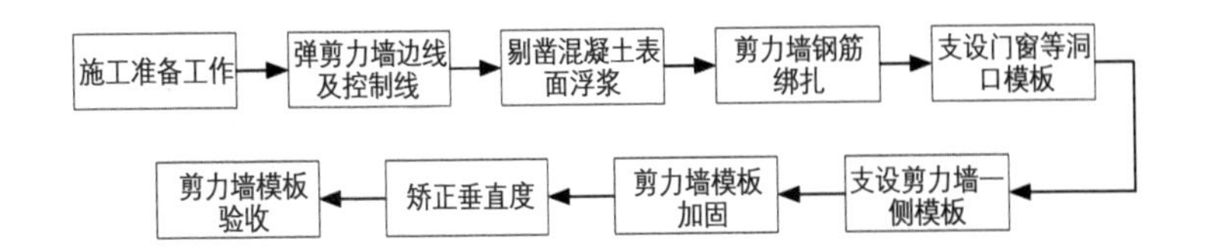

2.2.2 施工工艺标准图

序号	施工步骤	工艺要点	效果展示
1	弹剪力墙边线及控制线	（1）按图纸要求在每道剪力墙周边放出轴线、剪力墙边线及控制线。 （2）剪力墙边线向外偏移 200mm 处用墨线平行于墙边线弹柱控制线。 （3）剪力墙根部凿毛前沿边线采用云石机切割	
2	剔凿混凝土表面浮浆	（1）剪力墙根部凿毛，首先剔除墙边线范围内的混凝土浮浆，直至露出均匀的石子。 （2）凿毛深度不小于 5mm，凿毛应将剔凿点间距控制在 20 ~ 30mm 以内，凿毛应覆盖墙边线内全部范围。 （3）剔除的浮浆残渣及时清理，并用水冲洗干净。 （4）模板下口采用砂浆找平，沿剪力墙外廓线放置角钢，模板及角钢下方的混凝土面，混凝土初凝时应抹平压实，凹凸处用砂浆找平，防止漏浆	
3	支设门洞模板	（1）按设计图纸所定位置尺寸及洞顶或洞底标高，预先留出设计洞口尺寸线，处理好开洞周边钢筋的加强和安装，再安装门窗洞口模板，并与墙体钢筋固定，洞口应按功能要求安装预埋件或木砖等。 （2）预留洞口模框尺寸必须正确，牢固、稳定、不变形	
4	支设一侧模板	（1）模板尺寸及排布应符合方案要求。 （2）模板安装前，墙根部不得有垃圾和杂物。	

续表

序号	施工步骤	工艺要点	效果展示
4	支设一侧模板	（3）根据墙边线在底部焊接好限位钢筋及其他限位措施；钢筋保护层垫块安装完成，不易掉落；钢筋及预埋已完成隐蔽验收并合格。 （4）相邻两模板表面高低差控制在2mm以内。 （5）一侧模板支设完后及时安放水泥撑，控制墙体厚度	
5	安装穿墙对拉螺杆	（1）对拉螺杆的长度、间距符合模板施工方案及计算要求。 （2）若对拉螺杆有止水要求时，应符合方案设计规定。 （3）无板楼层墙体模板下口预埋螺栓，预埋的螺栓间距宜控制在500～800mm；螺栓位置距楼板面宜控制在200～300mm	
6	支设另一侧模板	（1）模板安装前，清扫墙内木屑、锯末等垃圾杂物，墙根部用水冲洗干净。 （2）安装另外一侧模板，调整斜撑（拉杆）使模板垂直后，固定好斜撑，拧紧穿墙螺栓，相邻两模板表面高低差控制在2mm以内。 （3）无板楼层墙体模板下落200～300mm安装于下层顶部预埋的螺栓位置。 （4）模板安装完毕后，检查一遍扣件、螺栓是否紧固，模板拼缝及下口是否严密。 （5）墙模板立缝、角缝宜设于木枋和胶合板所形成的企口位置，以防漏浆和错台	

续表

序号	施工步骤	工艺要点	效果展示
7	剪力墙模板加固	（1）侧模加固时，背棱间距符合设计要求。 （2）木枋宜作竖肋，钢管作横肋。 （3）剪力墙模板两侧需用满堂架加固，加固需符合方案要求。 （4）拧紧对拉螺杆，并根据混凝土侧压力情况加设双螺母。 （5）模板根部封堵到位，可采用木条压脚或砂浆外围封堵，不宜采取下压海绵条或其他杂物塞填等形式。 （6）后支设外墙模板应向下包夹不少于10cm下部已浇筑墙体，或与下层混凝土预留螺杆连接成为整体。 （7）模板内需加内撑，保证在工人加固过程中截面尺寸不变	
8	模板垂直度调整	（1）墙板垂直度必须采用吊线锤进行垂直度检查，层高不大于5m时，垂直度不大于6mm，层高大于5m时，垂直度不大于8mm。 （2）根据模板控制线，复查墙模板偏位情况。 （3）检查垂直度前首先对其控制线进行复核，再进行垂直度检查	
9	剪力墙模板验收	（1）墙和板应按有代表性的自然间抽查10%，且不少于3间。 （2）层高不大于5m时，垂直度不大于6mm，层高大于5m时，垂直度不大于8mm；剪力墙模板截面尺寸符合+4mm、-5mm的偏差范围要求。 （3）模板支撑材料及尺寸应符合模板施工专项方案要求。 （4）模板支撑体系是否稳定和牢固可靠。 （5）模板上口顺直度带线检查	

2.3 梁板模板安装

2.3.1 施工工艺流程

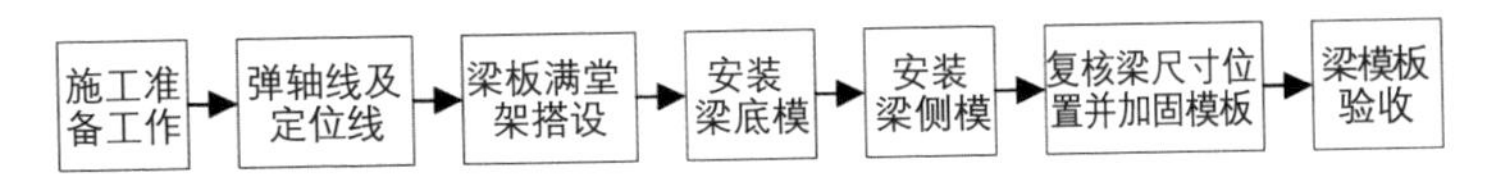

2.3.2 施工工艺标准图

序号	施工步骤	工艺要点	效果展示
1	施工准备工作	（1）模板施工方案及配模计划齐全，并进行交底；模板按照放样尺寸制作。 （2）使用材料必须满足方案及规范要求，模板应涂刷隔离剂，分类堆放，并清理干净。 （3）使用机具准备到位。 （4）在柱子上弹出轴线、梁位置及水平线，轴线允许偏差 5mm，梁截面尺寸线允许偏差 +4mm、−5mm	
2	梁板满堂架搭设	（1）架体搭设应符合规范及模板设计专项施工方案要求。 （2）梁下支柱支承在基土面上时，应对基土平整夯实，满足承载力要求，并在立杆底加设厚度 100mm 的硬木垫板或混凝土垫板等有效措施，确保混凝土在浇筑过程中不会发生支撑下沉。 （3）支架立杆的垂直度偏差不宜大于 5/1000，且不应大于 100mm。 （4）在立杆底部的水平方向上应按纵下横上的次序设置扫地杆	

续表

序号	施工步骤	工艺要点	效果展示
3	安装梁底模	（1）根据图纸计算出梁底小横杆标高，并固定牢固。 （2）梁底模安装前先钉柱头模板，底模安装时需拉线找平，梁跨度不小于4m时，应按规范要求起拱，起拱高度宜为梁跨度的1/1000 ~ 3/1000。起拱顺序：先主梁起拱，后次梁起拱。 （3）模板支设完成后，应对梁底模板标高进行复核	
4	安装梁侧模	（1）梁侧模制作高度应根据梁高及楼板厚度确定。 （2）支模应遵循边模包底模的原则。 （3）梁侧模板须拉线安装。 （4）如遇到梁高超过650mm时，侧模板安装时先安装一侧，等梁钢筋绑扎完毕后再进行另一侧梁模板的安装，有效安排工序先后情况，以满足施工要求	
5	侧模加固	（1）梁高超过750mm时，梁侧模宜加穿梁螺栓加固。 （2）梁侧模必须有压脚板、斜撑，拉线通直后将梁侧钉牢	
6	梁模板验收	（1）梁侧模板应垂直，梁内截面尺寸偏差应控制在+4mm、–5mm内。 （2）梁模板加固方式符合模板施工方案要求	

2.4 板面模板安装

2.4.1 施工工艺流程

2.4.2 施工工艺标准图

序号	施工步骤	工艺要点	效果展示
1	施工准备工作	（1）模板施工方案及配模计划齐全，并进行交底：模板按照放样尺寸制作。 （2）使用材料必须满足方案及规范要求，模板应涂刷隔离剂，分类堆放，并清理干净，钢管、扣件等符合方案要求。 （3）使用机具准备到位	
2	梁板满堂架搭设	（1）架体搭设应符合规范要求，所有立杆底部均应设置垫脚板。 （2）支柱间距需根据楼板混凝土重量级施工荷载的大小确定。 （3）支柱应垂直，各层支柱间拉杆及剪刀撑应符合规范要求	
3	架设龙骨	（1）根据模板施工方案排设支柱与龙骨。 （2）通线调节支柱的高度，将大龙骨找平，架设小龙骨。 （3）木料要有足够的强度和刚度，面要平整	

续表

序号	施工步骤	工艺要点	效果展示
4	安装楼面(板)模板	(1)铺模板时从四周铺起，在中间收口。 (2)楼板模板压在梁侧模时，角位模板应通线钉固。 (3)楼面(板)模板应按照规定起拱。 (4)相邻两模板表面高低差控制在2mm以内	
5	楼面(板)模板验收	(1)应认真检查支架是否牢固。 (2)模板梁面、板面应清扫干净。 (3)模板支架及梁加固应全数检查，并符合方案设计要求。 (4)每块板按照500mm标高带对角线检查，模板面标高及平整度符合规范要求	

2.5 封闭式楼梯模板安装

2.5.1 施工工艺流程

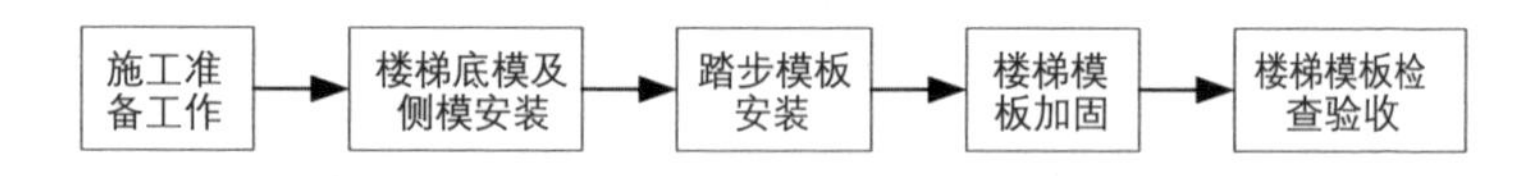

2.5.2 施工工艺标准图

序号	施工步骤	工艺要点	效果展示
1	楼梯底模及侧模安装	（1）楼梯梯段底模应在梯段底部留置两个 150mm×150mm 的清扫口，待钢筋绑扎完成、踏步模板封模后，用清水将模板内的木屑、渣滓等从清扫口清走，浇筑混凝土前再用模板将清扫口封堵。 （2）在绑扎钢筋前，梯段侧模应先弹出踏步线	
2	踏步模板安装	（1）楼梯踏步模板支设好后，在阳角处设置 L50×50×5 角钢，在阴角处设置 50mm×100mm 方木，方木与踏步模板用钉子固定。 （2）从第二级踏步开始每隔一个踏步留置 3 个 ϕ20mm 排气孔，排气孔应在踏步模板安装前先用电钻钻好	
3	楼梯模板加固	（1）梯段模板采用 M14 对拉螺杆及钢管进行加固，楼梯施工缝部位预留的螺栓可直接用于加固楼梯底模。 （2）沿梯段长度方向，最下及最上一个踏步设置一道对拉螺杆，中间以上每隔两个踏步设置一道对拉螺杆，中间以下每隔一个踏步设置一道对拉螺杆。 （3）沿梯段宽度方向，对拉螺杆离模板外侧不大于 300mm，中间对拉螺杆间距不大于 800mm。 （4）梯段底模背楞采用双钢管加固。 （5）梯段侧面模板采用方木及步步紧进行加固，步步紧沿梯段长度方向间距为 600mm	

续表

序号	施工步骤	工艺要点	效果展示
4	楼梯模板检查验收	（1）楼梯平台踏步尺寸复核。 （2）检查楼梯排气口设置。 （3）楼梯清扫口设置，内部垃圾是否清理干净	

2.6 控制措施

2.6.1 架体控制措施

序号	预控项目	产生原因	预控措施
1	钢管扭曲、变形、开裂	（1）材料进场未进行检查。 （2）搭设过程中现场管控不到位。 （3）搭设过程中对发现问题的钢管材料未及时清理	（1）钢管材料进场时进行外观检查。 （2）加强对现场施工操作人员的安全技术交底，对不合格的材料及时清理，避免混用。 （3）加强对现场的管控力度
2	（1）立杆基础为土体，未夯实，未垫设脚手板。 （2）立杆基础为混凝土，未垫设脚手板，垫板不牢固	（1）方案中对支模架基础处理措施考虑不周。 （2）现场管控不力，对于不满足要求的部位，未能及时安排处理，而允许操作工人随意处理。 （3）底部垫板不统一，施工随意性强，立杆长度不统一	（1）方案中应明确对特殊模架基础的要求，如回填土基础，明确处理措施和完成面的标准。 （2）加大现场管控力度，不符合要求的部位，应报告项目总工出具处理措施。 （3）底部垫板统一加设，厚度统一，立杆长度统一
3	立杆间距偏差较大，立杆不垂直；立杆接头在同一步距内未错开	（1）现场未按方案要求施工，交底不到位。 （2）现场管控不力，三检制未落实，对于立杆未与周围架体连接的情况，未能及时制止，且给予通过验收	（1）项目部应在制订模板方案时，对于模板支架进行总体排布，统一安排，对立杆间距、纵横向拉结提出明确要求。 （2）应加强现场管控力度和方案落实力度

续表

序号	预控项目	产生原因	预控措施
4	立杆接长采用搭接固定	（1）安全技术交底不到位，技术交底中未作具体说明，未标识详图。 （2）现场管控力度不足，工人随意性强，未按要求设置。 （3）架体搭设前未进行预先排杆，导致立杆长度偏差较大	（1）对施工人员交底到位，每一个施工人员知道自己该怎么干。 （2）加强现场管控力度，对达不到验收要求的不予验收，发现不符合要求的立即整改。 （3）架体搭设前根据图纸确定立杆长度
5	扫地杆设置不全，距离地面超过200mm	（1）现场管控不力，发现缺失未督促增加。对于缺少扫地杆的支模架，在进行模板工程验收时，仍给予通过验收。 （2）方案交底不到位，施工人员随意性强	（1）加强现场管控，对于缺少扫地杆的模架，项目及时督促增加，未加设的不得通过验收，不得进行下道工序施工。 （2）对进场架子工（木工）及时交底，加强标准意识，强化规范要求
6	缺少扫天杆，立杆上部自由端过长，超出规范要求。顶托与钢管型材不匹配，顶托外露长度超过300mm	（1）方案内未考虑到承插式钢管的步距模数。 （2）现场管控不力，未能严格按照规范要求施工。 （3）U形顶托直径较细，与钢管不匹配。 （4）周转工具进场后未按方案进行检查。 （5）现场管控不到位，未做到跟踪检查。 （6）顶托下部立杆高度不足	（1）针对楼层净高，结合承插式步距的模数，合理安排水平杆步距，使用水平杆步距及立杆上部自由端高度，既能满足计算高度的要求，也能满足规范的要求，如不能满足，应在上部使用扣件加设扫天杆。 （2）按照图纸要求进行方案设计。 （3）顶托进场后要及时检查，直径不满足规范要求的要及时退场。 （4）使用与层高匹配的钢管

续表

序号	预控项目	产生原因	预控措施
7	杆件端头伸出扣件盖板边缘的距离小于100mm	（1）现场管控不到位，未能及时整改。 （2）搭设过程中钢管长短随意使用	（1）必须做到跟踪检查，发现与方案相违时，必须立即要求整改。 （2）同种规格长度材料统一集中堆放，避免混用
8	模板支架分片搭设，未连成满堂脚手架，架体与外架连接，内侧支模架不到边间距大	（1）方案制订不合理，未整体进行排板。 （2）现场协调、管控不到位，未做到跟踪检查。 （3）缺乏对现场操作人员的安全技术交底	（1）架体应整体排板，合理搭配不同杆件。 （2）必须做到跟踪检查，发现与方案相违时，必须立即要求整改。 （3）对现场操作人员进行安全技术交底
9	剪刀撑设置间距不符合要求，与水平杆连接，竖向剪刀撑底部与基础未顶紧，倾角不符合要求	（1）对操作人员的现场安全技术交底不到位，操作人员随意施工。 （2）现场管控不到位，未做到跟踪检查，未认真落实三检制	（1）剪刀撑设置时要求对施工人员进行安全技术交底，且交底要透彻。 （2）搭设过程中做到跟踪检查，发现问题立即要求整改
10	不同体系架体立杆混用，不同直径钢管混用	（1）现场过程管控缺失，未全过程跟踪检查。 （2）交底不到位，工人为完成进度将普通钢管与盘插式立柱钢管直接插在一块使用，或不同直径的钢管混用，架体稳定性差	（1）不同体系架体立杆进场时要验收，数量应充足，禁止混用。 （2）应现场材料统一使用同直径钢管，存在偏差的退场处理，进场材料数量应充足

2.6.2 模板控制措施

序号	预控项目	产生原因	预控措施
1	木枋刚度不足，厚度不均匀，弯曲变形	（1）材料进场未进行几何尺寸及外观检查。 （2）铺设过程中未选料。 （3）操作人员不注意成品保护	（1）材料进场后进行几何尺寸及外观检查。 （2）铺设前对木枋进行挑选，选择厚度一致的使用。 （3）操作人员注意成品保护，不随意割锯
2	模板刚度不足，厚度不均匀，出现变形、起皮	（1）材料进场未进行几何尺寸及外观检查。 （2）铺设过程中未选料。 （3）操作人员不注意成品保护。 （4）周转次数过多，材料破损严重	（1）材料进场后进行几何尺寸及外观检查。 （2）操作人员注意成品保护，不随意割锯。 （3）严格控制模板周转次数，对于重新使用的模板应进行外观检查
3	柱、梁、墙模板支设尺寸偏差过大，模板体系的起拱度不满足要求	（1）未按照图纸尺寸支设模板。 （2）模板配模尺寸不正确，偏差较大。 （3）对拉螺栓加固过紧或不牢，导致柱、梁、剪力墙截面误差。 （4）混凝土支撑放置歪斜。 （5）跨度大于4m的梁、板未按设计或规范要求起拱	（1）按照图纸尺寸重新配模；重新放置顶撑，使柱、梁、剪力墙模板截面尺寸、钢筋保护层厚度符合规范要求。 （2）柱模板下料采用双子口方式，上下焊接定位筋。梁采取侧模包底模加固方式，上部采用支撑棍，梁截面高度超过600mm时采用对拉螺栓固定。 （3）墙体使用定型撑棍，撑棍要满足强度要求，放置方正，数量充足。 （4）按设计要求起拱；当设计无具体要求时，起拱高度宜为跨度的1/1000 ~ 3/1000

续表

序号	预控项目	产生原因	预控措施
4	模板接缝不严，存在高低差，板面平整度偏差较大	（1）模板陈旧：模板已经过多次反复使用，已变形，边角已破损，无法形成严密的拼缝。 （2）模板切割时没有弹线，切割面弯曲，无法与其他模板形成严密的拼缝。 （3）模板不方正，无法与四周每块模板形成严密的拼缝。 （4）工人操作不认真，未将两块模板拼严，就进行了固定。 （5）模板厚度不一致，存在错台。 （6）主、次龙骨厚度不均匀。 （7）模板刚度不足。 （8）模板没有钉在木龙骨上	（1）陈旧模板及时更换。 （2）下料前仔细计算下料长度、宽度，及时上拐弹设切割线，确保方正。 （3）浇筑混凝土前，对模板工程进行细致的检查，发现拼缝不严密的部位，立即整改，不得待混凝土浇筑过程中发现大量漏浆后，再进行封堵。 （4）使用厚度一致的模板，实现模板拼缝无错台。 （5）校核模板四角标高，四角标高一致，中间拉线找平。 （6）使用厚度均匀的主次龙骨。 （7）模板必须与木枋连接牢固
5	模板阴阳角拼缝不严	（1）模板陈旧：模板已经过多次反复使用，已变形，边角已破损，无法形成严密的拼缝。 （2）模板切割时没有弹线，切割面弯曲，无法与其他模板形成严密的拼缝。 （3）模板不方正，无法与四周每块模板形成严密的拼缝。 （4）工人操作不认真，未将两块模板拼严，就进行了固定	（1）加设海绵条；墙柱阳角、梁板相交的阴角等部位，两块模板相互垂直拼装时，在接触面上加设海绵条，同时将次龙骨压在拼缝处。 （2）平面模板，当拼缝较大时（宽度大于5mm），可采用细木条将缝隙填塞严密；当拼缝较小时（宽度小于5mm），可以在板面粘贴宽胶带。 （3）改变梁柱接头处模板的支设方法；柱模板一次到顶，在柱模板上部留下梁口，将梁底模直接支设到柱模上。 （4）浇筑混凝土前，对模板工程进行细致检查，发现拼缝不严密的部位，立即整改，不得待混凝土浇筑过程中发现大量漏浆后，再进行封堵

续表

序号	预控项目	产生原因	预控措施
6	墙柱模板与混凝土楼面拼缝不严造成漏浆	（1）混凝土收面不平整，存在高低差；采用砂浆封堵时，堵时间太晚，砂浆强度不足，不能封堵较大压力下的混凝土。 （2）采用木枋封堵时，由于木枋截面不标准，或封堵时操作不细致，木枋不能同时与底板和模板压紧	改进墙柱模板下口缝隙封闭方法，采用角钢封堵方法，角钢封堵前，竖向构件四周板面混凝土应收光平整，以保证角钢与混凝土面紧密相贴，同时角钢底部粘贴10mm厚的橡塑保温棉，确保缝隙封堵密实
7	梁板标高偏差较大	（1）标高传递存在误差，楼层标高控制点偏少，控制网不闭合。 （2）四角未拉线找平，校核标高。 （3）主、副龙骨标高存在偏差	（1）标高从原始点传递时间距不要太大，标高控制点充足，地面稳定，放线完毕及时校核，控制网要闭合，及时在钢筋上做标记。 （2）支模架顶丝高度一致，主、副龙骨厚度均匀
8	梁、板主次龙骨间距过大	（1）方案交底不彻底，工人随意性强。 （2）未按方案搭设支模架，现场管控力度不足，搭设间距过大	（1）对工人进行技术交底，确定立杆间距，主、次龙骨间距。 （2）加强管控力度，按方案搭设支模架立杆，控制模板主龙骨间距
9	墙柱平整度偏差较大，垂直度偏差较大	（1）模板厚度不一致，存在错台。 （2）对拉螺杆受力不均匀，内部撑棍长度不均匀、间距过大及强度不足造成断裂。 （3）模板移位，未按控制线施工。	（1）使用厚度一致的模板配模。 （2）对拉螺杆受力均匀，内部撑杆长度相同，按设计方案间距设置，选强度足的撑棍，发现断裂的及时更换。 （3）模板支设前将定位钢筋按控制线固定完成。

续表

序号	预控项目	产生原因	预控措施
9	墙柱平整度偏差较大，垂直度偏差较大	（4）施工过程中未拉线、吊线坠复核。 （5）上下控制线未在一个面上。 （6）钢筋移位	（4）模板加固时拉通线检查墙面平整度，用线坠复核垂直度。 （5）放线完毕后焊接定位筋，使上下一致。 （6）出现钢筋移位时，及时处理，确保在墙柱边线以内
10	层间模板加固不牢，发生胀模	由于混凝土侧压力较大，且下口模板加固困难，造成下口模板易于产生胀模	在下部墙体上预埋对拉螺栓，上层墙体模板下移时，利用预埋的对拉螺栓进行加固

2.7 技术交底

2.7.1 施工准备

1. 材料要求

（1）模板：尺寸 1830mm × 915mm × 12mm，木模板（或夹板）宜采用Ⅰ或Ⅱ等松木、杉木以及胶合夹板，并应符合《木结构工程施工质量验收规范》GB 50206—2012 和《木结构设计标准》GB 50005—2017 中的有关规定。

（2）方木：木枋宜采用Ⅰ或Ⅱ等松木、杉木，并应符合《木结构工程施工质量验收规范》GB 50206—2012 和《木结构设计标准》GB 50005—2017 中的有关规定。

（3）隔离剂：严禁使用油性隔离剂，必须使用水性隔离剂。

（4）模板截面支撑用料：采用钢筋支撑，两端点好防锈漆。

（5）支撑体系：木（松木或杉木）支顶及轻钢门式刚架、钢管支架，应符合《木结构工程施工质量验收规范》GB 50206—2012、

《木结构设计标准》GB 50005—2017 及《钢管脚手架扣件》GB/T 15831—2023 中的有关规定。

2. 施工机具

木工圆锯、木工平刨、压刨、手提电锯、手提压刨、打眼电钻、线坠、靠尺板、方尺、铁水平尺、撬棍等。

3. 作业要求

（1）工程主楼部分梁、板支模架搭设采用 ϕ48mm×3mm 钢管脚手架，梁、板支模架的立杆纵横间距为不大于 1000mm，步距为不大于 1500mm；地下室采用轮扣式钢管架，梁板支模架的立杆纵横间距为不大于 900mm，步距为不大于 1500mm，梁底水平钢管与支模架体应用扣件连接，严禁采用钢钉加固。墙柱阴阳角位置钢管须用扣件加固。在浇筑完楼面混凝土起支模架时，立杆下部应设垫板，宜采用 250mm×250mm 木垫板，立杆距墙柱距离不大于 300mm。楼面往上不大于 200mm 处应设置纵横向扫地杆。梁模板支模时，梁底必须沿梁中纵向连续设置一根立杆底撑，底撑间距 900mm，该底撑应与支模体系作纵横向拉结。梁、板模板支模体系中立杆上部的可调托座伸出立杆长度不得大于 300mm，伸入立杆长度不得小于 150mm。

模板支撑架高度超过 4m 时，应在四周拐角处设置专用斜杆或四面设置八字斜杆，并在每排每列设置一组通高十字撑或专用斜杆。

（2）墙与板交接处，顶板下部木枋端头位置距墙不大于 150mm，主龙骨距墙不大于 150mm；墙梁交接处，应使墙模板伸入梁内 200mm 以上。L 形墙拐角处水泥撑须按要求设置。

（3）水泥撑在墙角及梁与墙相接位置必须设置，保证构件成型质量，其他位置水泥撑间距 450mm×450mm，并应尽量设在螺栓附近。

（4）阳台、连廊、女儿墙等有防水要求的部位，须采用止水螺杆进行加固。

（5）各栋楼必须弹出大角线，且上下拉通线控制。外墙模板采用12号钢丝绳加花篮螺栓调正后斜拉，每面墙拉结点不少于2个，采用钢管斜撑不少于2个，间距不大于1500mm。外墙必须设置锁脚螺杆，每侧不得少于2根，间距不大于750mm。锁脚螺杆距墙水平施工缝100mm，模板下返100mm。

2.7.2 操作工艺

1. 剪力墙制作安装

顺序：定型模板定位、垂直度调整→模板加固→验收→混凝土浇捣→拆模。

技术要点：安装前要对墙体接缝处凿毛，清除杂物，做好测量放线工作。

为了保证整体墙模的刚度和稳定性，另沿高度设3～4道抛地斜撑，从而形成了整套的墙体模板体系。

模板选用15mm厚木模板，50mm×80mm木枋竖楞，间距200mm；主梁选择2根ϕ48mm×3mm钢管，M14对拉螺杆，间距450mm；其余墙竖楞50mm×80mm木枋间距200mm，2根ϕ48mm×3mm钢管主梁，M14对拉螺杆，间距450mm。

2. 柱模板

支模程序：放线→设置定位基准→第一块模板安装就位→安装支撑→邻侧模板安装就位→连接第二块模板，安装第二块模板支撑→安装第三、四块模板及支撑→调直纠偏→安装柱箍→全面检查校正一柱模群体固定→清除柱模内杂物，封闭清扫口→验收。

根据图纸尺寸制作柱侧模板（注意：外侧模板宽度要加大两倍内侧模板厚度）后，按楼、地面放好线的柱位置用 1 ： 2 的水泥砂浆粉成条带，通过水准仪校正找平，作为模板支承面。对于外柱应在柱外边设置模板支承垫条带，支承垫条带应安装平直，紧贴混凝土外边，柱外模与支承垫条带紧密接触，防止漏浆。两垂直向加斜拉顶撑。柱模安完后，应全面复核模板的垂直度、对角线长度差及截面尺寸等项目。柱模板支撑必须牢固，预埋件、预留孔洞严禁漏设且必须准确、稳牢。柱子尺寸不小于 600mm × 600mm，用 M14 对拉螺杆加固。墙柱模板拼缝位置须采用废模板将上下层压平，避免出现错台。柱模竖楞设置：每边各设 5 根 50mm × 80mm 木枋，柱箍采用双钢管 ϕ 48mm × 3mm 柱箍，间距为 500mm，柱箍的安装应自下而上进行。墙柱第一道主龙骨距离楼地面不大于 250mm。

3. 梁模板

梁底模、侧模采用 15mm 厚木胶板作面板，底模下设支撑小梁 4 根，采用 50mm × 80mm 木枋，支撑架 ϕ 48mm × 3mm 主梁长度 900mm，沿梁跨向间距 900mm，立杆 3 根，跨度大于 4m 的梁底模起拱 2%。

梁模板安装工艺流程：

弹出梁轴线及水平线并复核→搭设梁模支架→安装梁底楞→安装梁底模板→梁底起拱→绑扎钢筋→安装梁侧模→安装上下锁口楞、斜撑楞及腰楞和对拉螺栓→复核梁模尺寸、位置→与相邻模板连接加固。

梁模板施工要点：

（1）在剪刀墙混凝土上弹出梁的轴线及水平线（梁底标高引测

用）并复核；

（2）在底模上绑扎钢筋，经验收合格后，清除杂物，安装梁侧模板；

（3）复核检查梁模尺寸，与相邻梁柱模板连接固定；

（4）当梁截面净高达到 500mm 以上时，梁侧模必须设拉结螺杆，间距不大于 500mm；截面净高在 1000mm 以上时，必须设不少于两排的拉结螺杆。当梁截面净高达到 500mm 以上时，梁底模板须加设顶撑，顶撑立杆与满堂架纵横向可靠连接。

4. 楼板模板

本工程现浇楼板模板采用 15mm 厚木模板，次梁选用 50mm × 80mm 木枋，间距 300mm；主梁为 80mm × 100mm 木枋，间距 900mm。支撑系统采用 ϕ48mm × 3mm 满堂轮扣式钢管脚手架，立杆支撑间距为 900mm × 900mm；主楼地下室立杆支撑间距为 900mm × 900mm；主体立杆支撑间距为 900mm × 900mm。

顶板模板安装工艺流程：

搭设支架→安装横纵木棱→调整楼板下皮标高及起拱→铺设模板→检查模板上皮标高、平整度。

顶板模板施工要点：

（1）支架搭设前应检查地面的平整度，对支柱底座进行调整，并垫上木枋，要求坚实稳固。支架的支柱从边跨一侧开始，依次逐排安装，同时安装木棱及横拉杆，其间距按模板设计的规定。

（2）支架搭设完毕后，要认真检查支柱的牢固与稳定性，根据给定的水平线，认真调节支模顶模的高度，将木棱找平。

（3）铺设多层板：先用阴角模与墙模或梁模连接，然后在各跨中铺设平模。对于不够整模数的模板和窄条缝，采用拼缝模或木枋嵌补，但拼缝应严密，拼缝间加塞海绵条。

（4）平模铺完后，用靠尺、塞尺和水平仪检查平整度及板底标高，一旦有误差立即进行校正。

（5）现浇钢筋混凝土板，当跨度等于或大于 4m 时，模板应起拱，起拱高度为全跨长度的 1/1000。利用脚手架上部的可调支撑调整高度，木板作辅助，以满足顶板挠度的要求。起拱应从周圈（板边不起拱）向板跨中逐渐增大，起拱后模板表面应是平滑曲线，不允许出现模板面因起拱而错台。

5. 预留洞模板

预留洞模板用木枋做成定型盒子，合模前放入，盒子放入前刷隔离剂，以利于拆模时取出。安装工程预留管道洞口采用定型钢管，在浇筑混凝土前放入。

6. 楼梯间模板

楼梯模板底模、侧模龙骨为 50mm×80mm 木枋，支撑用 ϕ48mm×3mm 钢管，间距 1200mm×1200mm。施工前应根据实际层高放样，先安装休息平台梁，再安装楼梯模板斜方棱，然后铺设楼梯底模板，再安装侧模和踏步模板，安装时要特别注意斜支撑的固定，防止浇筑混凝土时移动。

2.7.3 质量验收标准

1. 主控项目

（1）模板及其支顶必须有足够的强度、刚度和稳定性，其支顶的支承部分必须有足够的支承面积。

如安装在基土上，基土必须坚实并有排水措施。

（2）木模板（或夹板）应符合《木结构工程施工质量验收规范》

GB 50206—2012 中的承重结构选材标准，其树种可按本地区实际情况选用，材质不宜低于Ⅲ等材。

2. 一般项目

模板安装应满足下列要求：

（1）模板的接缝不应漏浆；在浇筑混凝土前，木模板应浇水湿润，但模板内不应有积水。

（2）模板与混凝土的接触面应清理干净并涂刷隔离剂，但不得采用影响结构性能或妨碍装饰工程施工的隔离剂，如废机油等。

（3）浇筑混凝土前，模板内的杂物应清理干净。

3. 允许偏差

模板安装和预埋件、预留孔洞的允许偏差应符合下表规定。

<table>
<tr><th>序号</th><th colspan="2">检查项目</th><th>允许偏差（mm）</th><th>检查方法</th></tr>
<tr><td>1</td><td colspan="2">轴线位置</td><td>5</td><td>尺量</td></tr>
<tr><td>2</td><td colspan="2">底模上表面标高</td><td>±5</td><td>水准仪检查</td></tr>
<tr><td rowspan="3">3</td><td rowspan="3">模板内部尺寸</td><td>基础</td><td>±10</td><td>尺量</td></tr>
<tr><td>柱、墙、梁</td><td>±5</td><td>尺量</td></tr>
<tr><td>楼梯相邻踏步高差</td><td>5</td><td>尺量</td></tr>
<tr><td rowspan="2">4</td><td rowspan="2">柱、墙垂直度</td><td>层高≤6m</td><td>8</td><td>经纬仪或吊线、尺量</td></tr>
<tr><td>层高≥6m</td><td>10</td><td>经纬仪或吊线、尺量</td></tr>
<tr><td>5</td><td colspan="2">相邻板面高差</td><td>2</td><td>钢尺检查</td></tr>
<tr><td>6</td><td colspan="2">表面平整</td><td>5</td><td>2m 靠尺和塞尺检查</td></tr>
<tr><td>7</td><td colspan="2">预埋钢板中心线位置</td><td>3</td><td>观察、尺量</td></tr>
</table>

续表

序号	检查项目		允许偏差（mm）	检查方法
8	预埋管、预留孔中心线位置		3	观察、尺量
9	插筋	中心线位置	5	观察、尺量
		外露长度	+10，0	观察、尺量
10	预埋螺栓	中心线位置	5	观察、尺量
		外露长度	+10，0	观察、尺量
11	预留洞	中心线位置	10	观察、尺量
		尺寸	+10，0	观察、尺量

注：检查中心线位置时，应沿纵、横两个方向量测，并取其中的较大值。

2.7.4 成品保护

（1）坚持每次模板使用后清理板面，涂刷隔离剂。

（2）按楼板部位层层复用，减少损耗。

（3）材料应按指定的位置分类堆放整齐。

2.7.5 安全、环保措施

1. 明确安全管理目标

无高空坠落事故、触电事故、起重设备坍塌事故及重伤事故的发生。

2. 明确岗位职责

进行现场职业健康安全管理组织机构和职责分工，以项目经理牵头成立安全管理领导小组，明确岗位安全职责。

3. 危险源识别

序号	工序 / 工作活动	危险源	可能导致的事故	受伤害人员
1	模板支撑架体搭设	高处作业	坠落	架子工
2	模板支撑架体搭设	高处作业	坍塌	作业人员、管理人员
3	模板支撑架体搭设	钢管、木枋	物体打击	作业人员
4	模板加工铺设	圆盘锯	机械伤害	木工
5	木工堆场	木枋、模板	火灾	作业人员、管理人员
6	现场用电	电	触电	作业人员、管理人员
7	混凝土浇筑	荷载不均匀	架体坍塌	作业人员、管理人员
8	塔式起重机作业	塔式起重机	机械伤害、物体打击	作业人员
9	模板支架拆除	高处作业	坠落	木工
10	模板支架拆除	钢管、木枋、模板	物体打击	木工

4. 建立施工现场安全生产管理制度

安全生产责任制度、安全专项方案编制、审查制度、安全专项资金保障制度、安全教育制度、特种作业持证上岗制度、安全技术交底制度、班前安全活动制度、定期检查与隐患整改制度、安全生产奖罚与事故报告制度、重要过程旁站制度、危大工程现场管理制度。

5. 安全保证措施

1）模板施工：

（1）安装模板操作人员应戴安全帽，高空作业应挂好安全带。

（2）模板安装应按顺序进行，模板及支撑系统在未固定前，严禁利用拉杆上下人。

（3）模板安装应在牢固的脚手架上进行，如中途停歇，应将就位的支柱、模板连接稳固，不得架空搁置，以防掉下伤人。

（4）模板架体施工应严格按照施工方案进行搭设，保证构造措施符合方案设计要求，架体自由端及斜杆符合规范要求。

（5）六级以上大风天，不得安装及吊装大模板。

（6）登高作业时，模板连接件必须放在箱盒或工具袋中，严禁放在模板或脚手板上，扳手等各类工具必须系挂在身上或置放于工具袋内，不得掉落。在脚手架或操作台上堆放模板时，应按规定码放平稳，防止脱落并不得超载。

（7）安装模板，必须有稳固的登高工具或脚手架。

（8）浇筑混凝土时，应设专人看护模板，如发现模板倾斜、位移、局部鼓胀时，应及时采取紧固措施，方可继续施工。

（9）高空拆除模板时，除操作人员外，下面不得站人，操作人员应系安全带。作业区周围及出入口处，应设专人负责安全巡视。拆除作业区应有警示标志，严禁无关人员入内。

（10）在支架上拆模时应搭设脚手板，拆模间歇时，应将拆下的部件和模板运走。

（11）拆楼层外边梁和圈梁模板时，应有防高空坠落、防止模板向外翻倒的措施。

（12）拆除时如发现梁混凝土有影响结构质量、安全问题时，应暂停拆除，经处理后，方可继续拆模。

（13）拆下的支撑、木枋，要随即拔掉上面的钉子，并堆放整齐，防止“朝天钉”伤人。

（14）六级以上大风天，不得进行模板拆除作业。

（15）拆除承重模板时，为避免突然整块坍落，必要时应先设立临时支撑，然后进行拆卸。正在施工浇筑的楼板，其下一层楼板的支撑不得拆除。

（16）楼内模板支撑架体严禁与外脚手架进行拉结。

2）临时用电施工保护措施：

（1）施工用电必须有保护接零和漏电保护器。操作必须采用单向按钮开关，不得安装倒顺开关，无人操作时断开电源。

（2）在地下室内或潮湿场所施工或施工现场照明灯具安装高度低于 2.5m 时，必须使用 36V 及以下安全电压的照明变压器和照明灯具。

（3）用电采用三级配电三级保护，手持工具接线必须从有漏电保护器的开关箱接出，确保用电安全。

3）预防坍塌事故的技术措施：

（1）模板作业时及混凝土浇筑整个过程，指定专人指挥、监护，特别对重要构件和荷载超限区域进行沉降观测，出现位移超过预警值时，必须立即停止施工，将作业人员撤离作业现场，待险情排除后，方可作业。

（2）楼面堆放模板时，严格控制数量、重量，防止超载。堆放数量较多时，应进行荷载计算，并对楼面进行加固。

（3）铺设楼面模板，在下班时对已铺好而来不及钉牢的定型模板或散板等要拿起稳妥堆放，以防发生坍塌事故。

（4）拆模间歇时，应将已活动的模板、拉杆、支撑等固定牢固，严防突然掉落、倒塌伤人。

4）预防高空坠落事故安全技术措施：安全带使用前必须经检查合格。安全带的系扣点应就高不就低，扣环应悬挂在腰部的上方，并要注意带子不能与锋利或具有毛刺的地方接触，以防摩擦割断。

5）项目部根据业主、公司、行业规范制定项目环境目标，以项目经理牵头成立组织管理机构，进行管理团队任务分工和制定管理制度。

6）加工棚采用组装式防护棚，安装拆卸方便，可多次进行周转使用；模板加工应在加工棚集中进行，防止材料浪费。

7）模板及脚手架施工时，采取措施防止小型材料配件丢失或散落，对铁钉、钢丝、扣件、螺栓等材料及时地回收利用，节约材料。

8）用作模板龙骨的方木经周转使用后折断或配料锯割形成的短料，采取叉接接长技术接长使用，模板配料剩余的边角余料可拼接使用，变废为宝，节约材料。

9）模板隔离剂应专人保管和涂刷，剩余部分应及时回收，防止污染环境。

10）模板拆除时，采取可靠措施，防止模板及支架损坏或变形，应随拆随运走，进行妥善保管，提高模板周转率。

11）加工机械采用高效节能型，合理安排工序，提高各种机械的使用率和满载率。

12）现场噪声排放不得超过国家标准，在施工场界对噪声进行实时监测与控制。

3

③

混凝土施工工艺

3.1 施工工艺流程

施工准备 → 混凝土搅拌 → 混凝土运输 → 混凝土进场验收 → 混凝土浇筑与振捣 → 混凝土养护 → 混凝土质量验收

3.2 施工工艺标准图

序号	施工步骤	材料、机具准备	工艺要点	效果展示
1	施工准备	混凝土罐车、泵管、坍落度筒、振动棒、试模等	（1）技术准备：已进行技术交底，标高、轴线、模板等已进行技术复核。 （2）商品混凝土准备到位，保证不间断浇筑。 （3）主要施工机具准备到位。 （4）在浇筑混凝土前，木模板应浇水湿润，但模板内不应有积水。 （5）完成钢筋隐蔽验收和安装预留预埋等相关工作。 （6）已办理浇筑申请表和配合比	
2	混凝土搅拌	混凝土原材料、搅拌站机具	（1）严格按照确定的混凝土设计配合比进行生产搅拌。 （2）不定期去搅拌站检查原材料、根据配合比下料及自控情况。 （3）混凝土生产前，项目部试验人员需提前查看商品混凝土站试验室出具的《混凝土配合比通知单》，根据当时的砂石含水率、天气、气温情况及生产计划，检查其混凝土配合比	

续表

序号	施工步骤	材料、机具准备	工艺要点	效果展示
2	混凝土搅拌	混凝土原材料、搅拌站机具	通知单数据是否符合设计及施工要求。若满足要求，方可经搅拌站试验人员将配合比参数输入搅拌机电脑内锁定。在正常情况下，施工配合比一经锁定，任何人不能再随意改动。同时混凝土配合比标识牌上的数据应根据实际生产及时更新	
3	混凝土运输	罐车、车衣	（1）混凝土出厂前还需进行过磅称量（运输罐车在装料前需对空车进行过磅），根据混凝土配合比的实际密度与地秤称量吨数的对比，可以得知过程中校验计量的准确性，如发现计量不准确，偏差超过 ±2%，应立即分析原因，并及时对各个称位进行校正。 （2）混凝土运输车装料前应将拌筒内、车斗内的积水排净。 （3）运输途中拌桶应保持 3 ~ 5 转 /min 的慢速转动，混凝土应以最少的转载次数和最短时间，从搅拌地点运到浇筑地点。 （4）根据运输距离合理确定混凝土坍落度，要求混凝土到场坍落度满足设计要求。严禁运输过程及到场后私自加水。 （5）冬期施工运输罐必须包裹并加盖隔热材料	

续表

序号	施工步骤	材料、机具准备	工艺要点	效果展示
4	混凝土进场验收	进场资料等、坍落度筒、卷尺、标准养护箱、试模、振动台、同条件养护笼	（1）预拌混凝土运输至现场时应提供质量证明文件，主要包括：混凝土配合比通知单、开盘鉴定、混凝土质量合格证、混凝土强度检验报告、混凝土运输单、原材料合格证、原材料检验报告和氯离子碱含量计算书以及合同规定的其他资料。混凝土运输单至少包括以下内容：合同编号、发货单编号、需方、供方；工程名称、浇筑部位、混凝土标记、本车的供货量（m^3）；运输车号（以车牌号为宜）、交货地点、交货日期、发车时间和到达时间、供需（含施工方）双方交接人员签字、且每一辆运输车均需提供该车混凝土的运输单。 （2）混凝土外观检查（色泽是否异常、是否有离析等）。 （3）混凝土拌合物稠度，包括坍落度、坍落扩展度、维勃稠度等，在现场测定混凝土坍落度。坍落度必须满足设计及规范要求，坍落度无法满足要求时应要求厂家技术人员现场调配或退货，严禁私自加水拌合。	 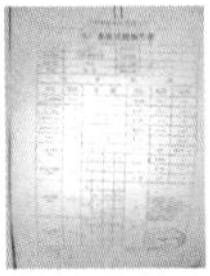    

序号	施工步骤	材料、机具准备	工艺要点	效果展示
4	混凝土进场验收	进场资料等、坍落度筒、卷尺、标准养护箱、试模、振动台、同条件养护笼	（4）应对每车的混凝土拌合物进行坍落度检查，并填写混凝土坍落度记录；混凝土拌合物坍落度和坍落扩展度值应以毫米为单位，测量精确至 1mm。根据混凝土试块留置试验方案要求留置混凝土试块	
5	柱混凝土浇筑与振捣	振动棒、泵车、泵管、布料机等	（1）柱水平接缝水泥砂浆接浆层厚度应不大于 30mm，接浆层水泥砂浆材料应与浇筑混凝土浆液成分相同。混凝土应分层振捣，一般情况下分层厚度不超过 300 ~ 500mm。振动器插入下一层混凝土不小于 100mm，振动器不得触动钢筋和预埋件。派专人“看模”（模板和支撑变形监测、混凝土振捣密实程度检查和混凝土辅助振捣）。 （2）柱高超过 3m 时，应采取措施用串桶或在模板侧面开门子洞安装斜溜槽分段浇筑。 （3）柱混凝土应一次浇筑完毕，如需留施工缝时应留在主梁下面。无梁楼板应留在柱帽下面	
6	剪力墙混凝土浇筑与振捣		（1）水平接缝处理同柱，剪力墙混凝土浇筑前，应先在底部均匀浇筑 5cm 厚	

续表

序号	施工步骤	材料、机具准备	工艺要点	效果展示
6	剪力墙混凝土浇筑与振捣	振动棒、泵车、泵管、布料机等	与墙体混凝土相同的水泥砂浆，并用铁锹入模，不应用料斗直接灌入模内。 （2）每层混凝土的浇筑厚度控制在 500mm 左右进行分层浇筑、振捣。混凝土下料点应分散布置。墙体连续进行浇筑，间隔时间不超过 2h。 （3）墙体上的门窗洞口浇筑混凝土时，宜从两侧同时投料浇筑和振捣。 （4）振动棒移动间距应小于 50cm，每一振点的延续时间以表面呈现浮浆为度，为使上下层混凝土结合成整体，振捣时注意钢筋密集及洞口部位	
7	梁板混凝土浇筑与振捣		（1）梁板应同时浇筑，浇筑方法应由一端开始用“赶浆法”，即先浇筑梁，根据梁高分层浇筑成阶梯形，当达到板底位置时再与板的混凝土一起浇筑，随着阶梯形不断延伸，梁板混凝土浇筑连续向前进行。 （2）和板连成整体高度大于 1m 的梁，允许单独浇筑，其施工缝应留在板底以下 2 ~ 3cm 处。浇捣时，浇筑与振捣必须紧密配合，第一层下料慢些，梁底充分振实后再下料，梁底及梁侧部位要注意振实，振捣时不得触动钢筋及预埋件。	

序号	施工步骤	材料、机具准备	工艺要点	效果展示
7	梁板混凝土浇筑与振捣	振动棒、泵车、泵管、布料机等	（3）施工缝位置：宜沿次梁方向浇筑楼板，施工缝应留置在次梁跨度的中间1/3范围内。 （4）板收面采用“三遍”抹压工艺。 （5）混凝土浇筑到设计标高后，平放振动棒，将混凝土顶面拖振一遍，使顶面混凝土平整、密实。 （6）在混凝土浇筑完毕后，用木拖刮板或铁抹将混凝土顶面浮浆刮除干净，用铁抹压实找平。 （7）在混凝土初凝前进行收面，处理混凝土顶面细微干燥硬皮及风吹后的毛细收缩裂纹。 （8）在混凝土近似初凝时，进行压光收面处理，然后进行覆盖养护，8 ~ 12h后进行洒水养护并覆盖塑料气泡垫	 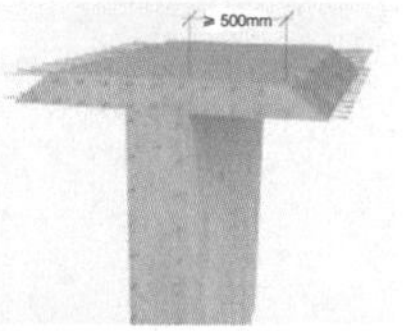 
8	楼梯混凝土浇筑与振捣		（1）楼梯段混凝土自下而上浇筑，先振实底板混凝土，达到踏步位置时再与踏步混凝土一起浇捣，不断连续向上推进。 （2）施工缝位置：楼梯混凝土宜连续浇筑完，多层楼梯的施工缝应留在楼梯段1/3部位且不得少于3步	

续表

序号	施工步骤	材料、机具准备	工艺要点	效果展示
9	混凝土养护	振动棒、泵车、泵管、布料机等	（1）混凝土浇筑完毕后，应在 12h 以内加以覆盖和浇水，浇水次数应能保持混凝土有足够的湿润状态，一般混凝土养护期不少于 7 昼夜。 （2）当温度低于 5℃时，不得浇水养护混凝土，应采取加热保温养护或延长混凝土养护时间。 （3）采用硅酸盐水泥、普通硅酸盐水泥或矿渣硅酸盐水泥配置的混凝土，养护时间不应少于 7d；采用其他品种的水泥时，养护时间应根据水泥性能确定。 （4）采用缓凝型外加剂、大掺量矿物掺合料配置的混凝土，养护时间不应少于 14d。 （5）抗渗混凝土、强度等级 C60 及以上的混凝土，养护时间不应少于 14d。 （6）后浇带混凝土的养护时间不应少于 14d。 （7）地下室底层墙、柱和上部结构首层墙、柱，宜适当增加养护时间	
10	混凝土质量验收		（1）模板拆除后及时对混凝土外观质量进行验收，并检测其混凝土强度和碳化值；若存在混凝土外观一般质量缺陷，应及时进行处理。 （2）应对墙、柱、楼梯阳角部位设置护角，防止损坏	

3.3 控制措施

序号	预控项目		产生原因	预控措施
1	混凝土结构尺寸偏差	轴线偏差	测量主轴线偏差或主轴线至墙体轴线偏差累积	放线完后，要组织技术、质检、作业工长验线，存在误差要及时调整。模板支撑要牢固，混凝土浇筑要分层，不允许一次下混凝土过厚。模板必须吊线找直，不允许超过规范要求
		垂直度偏差	支设模板垂直度偏差，模板加工不牢固，在混凝土浇筑过程中产生变形	
		层高内标高偏差	楼层测量孔向上引点偏差（卷尺与读数误差），各楼层支设平板模及混凝土浇筑厚度偏差	
		截面尺寸偏差	模板支设时的尺寸偏差以及模板加工不牢固，在混凝土浇筑过程中产生变形	
		电梯井井筒长、宽及全高垂直度偏差	模板支设时的尺寸偏差以及模板加工不牢固，在混凝土浇筑过程中产生变形	
		预埋件、预埋螺栓、预埋管及预留洞中心线偏差	安装轴线偏差以及混凝土浇筑过程中产生移动	

续表

序号	预控项目	产生原因	预控措施
2	蜂窝麻面	（1）模板未清理干净。 （2）混凝土浇筑前模板未进行湿润。 （3）混凝土未振捣密实，气泡停留在模板表面形成麻点。 （4）模板拼缝不严，局部漏浆。 （5）模板隔离剂涂刷不匀，或漏刷或失效，混凝土表面与模板粘结造成麻面。 （6）混凝土振捣不实，气泡未排出，停在模板表面，拆模后形成麻点	（1）模板表面清理干净，不得粘有水泥砂浆等杂物，浇灌混凝土前，模板应浇水充分湿润，模板缝隙应用双面胶条等堵严。 （2）模板隔离剂应选用长效的，并且涂刷均匀，不得漏刷。 （3）混凝土应分层均匀振捣密实，至排除气泡为止。 （4）若出现麻面缺陷，混凝土表面作粉刷装修时可不处理，表面无粉刷时应在麻面处浇水充分湿润后，用与原混凝土同配比的水泥砂浆将麻面抹平压光
3	孔洞	（1）在钢筋较密的部位或预留孔洞和预埋件处，混凝土下料被搁住。 （2）混凝土离析、砂浆分离，石子成堆，且未进行振捣，从而形成较大的蜂窝。 （3）混凝土一次下料过多、过厚或过高。 （4）混凝土浇筑前残渣未清理干净	（1）在钢筋密集处，用细石混凝土浇灌，认真分层振捣密实或加配人工捣固。 （2）预留孔洞处，两侧应同时下料，侧面加开浇灌口，模板内应清理干净。 （3）若出现孔洞缺陷时将孔洞周围的松散混凝土和软弱浆膜凿除，用水冲洗，支设带托盒的模板，洒水湿润后用高强度等级细石混凝土仔细浇灌、捣实
4	烂根	（1）前次浇筑的混凝土表面不平整，导致随后模板下端存在空隙。 （2）模板下口加固不牢固，发生胀模漏浆。	（1）混凝土搅拌时，各项目部要派试验人员专人监管，严格按配合比施工，对于运到现场的混凝土有离析或目测不合格的，不能浇筑。

续表

序号	预控项目	产生原因	预控措施
4	烂根	（3）混凝土浇筑前，未先用水泥砂浆浇筑50mm厚。 （4）混凝土离析，导致柱根部粗骨料堆积	（2）混凝土拌合要均匀，浇筑时要分层，振捣时间要符合规范要求。 （3）混凝土自由倾落高度不能超过2m，超过时用溜槽。 （4）柱墙根部要用海绵或密封胶带塞紧，并在模板下口用砂浆封堵严密。 （5）墙柱混凝土振捣完成后要有专人用手锤敲击或振动棒振捣墙柱根部的模板外表面，以避免漏浆产生墙柱脚烂根现象
5	缺棱掉角	（1）过早拆除侧面非承重模板。 （2）拆模时边角受外力或重物撞击，或成品保护不好，棱角被碰掉	（1）拆除侧面非承重模板时，混凝土应具有1.2MPa以上强度。 （2）吊运模板时要防止撞击棱角，运输时将成品阳角保护好，以免碰损。 （3）若有缺棱掉角，可将该处松散颗粒凿除，冲洗充分湿润后，视破损程度用1 ∶ 2.5的水泥砂浆抹补齐整，或支斜模用比原来高一级的混凝土捣实养护
6	表面裂缝、冷缝	（1）养护不到位，混凝土坍落度过大，混凝土发生收缩。 （2）混凝土浇筑不连续，未及时覆盖	（1）浇筑应确保混凝土供应连续，施工缝部位要进行回振。 （2）混凝土浇筑后应及时采用塑料薄膜进行覆盖。 （3）混凝土终凝后要及时进行洒水养护，且要保证混凝土表面随时处于湿润状态

续表

序号	预控项目	产生原因	预控措施
7	成品保护	混凝土未达到一定强度时，上人操作或运料，使表面出现凹陷不平或印痕	混凝土强度达到 1.2MPa 以上，方可在已浇结构上走动施工

3.4 技术交底

3.4.1 施工准备

1. 劳动力准备

每班组选择熟练并有多年实际经验的振捣工 6 名，平铲工 5 名，普工 8 名，泥工 6 名，作为每个工作面的劳动力（每施工段配备一班）。

2. 施工机具准备

每栋楼配备捣入式振动机 8 台，振动棒 16 根，平板振动机两台，移动式配电箱 2 只，照明灯 6 个，彩条布 1500m^2，塑料薄膜 2000m^2。

3. 材料（商品混凝土）的选择

本工程因混凝土用量大，为了确保混凝土工程的施工质量，经我方对周边多家商品混凝土公司的全面考察和社会信誉了解，要求企业资质证书齐全、信誉好、质量好、规模大、服务态度好、能满足工程进度需要、价格合理等，对其进行优化组合的前提下，择优选用商品混凝土供应单位。使用混凝土前将计划浇筑的方量、技术质量要求等内容以《混凝土委托单》的形式发送给混凝土供应单位。

4. 作业条件

（1）基础工程应先将基坑内的积水抽干或排除，坑内浮土、淤泥和杂物清理干净。

（2）构造柱、剪力墙、梁板等模板内的碎木、杂物要清除干净，并淋水湿润，模板缝隙应严密，不漏浆。

（3）复核模板、支顶、预埋件、管线钢筋等符合设计图纸要求并办理隐蔽验收手续。

（4）浇筑混凝土楼面时，搭设操作平桥或人行马道，保护好成品钢筋。

（5）振动器经试运转符合使用要求，并有备用。

（6）根据施工方案对班组进行全面施工技术交底，包括作业内容、特点、数量、施工方法、安全措施、质量要求和施工缝设置等。

3.4.2 施工工艺及要求

1. 泵送混凝土浇筑的一般要求

（1）当采用输送管输送混凝土时，应由远及近浇筑。

（2）同一区域的混凝土应按先竖向结构后水平结构的顺序，分层连续浇筑。

（3）当不允许留施工缝时，区域之间、上下层之间的混凝土浇筑间歇时间，不得超过混凝土初凝时间。

（4）当下层混凝土初凝后，浇筑混凝土时，应先按留施工缝的规定处理。

（5）在浇筑竖向结构混凝土时，布料设备的出口离模板内侧不应小于50mm，且不得向模板内侧面直冲布料，也不得直冲钢筋骨架。

（6）浇筑水平结构混凝土时，不得在同一处连续布料，应在

2 ~ 3m 范围内水平移动布料，且宜垂直于模板布料。

（7）在振捣泵送混凝土时，振动棒移动距离宜为 400mm 左右，振捣时间宜为 15 ~ 30s，且隔 20 ~ 30min 后，进行第二次复振。

（8）浇筑混凝土时，应经常观察有预留洞、预埋件和钢筋太密的部位，确保顺利布料和振捣密实。当发现混凝土有不密实现象时，应立即采取措施予以纠正。

（9）水平结构的混凝土表面，应适时用木抹子磨平、搓毛两遍以上。必要时，还应先用铁滚筒压两遍以上，以防止产生收缩裂缝。

2. 混凝土浇筑方法

1）基础承台、梁、混凝土浇筑

（1）基础承台、梁浇筑混凝土时，应按顺序直接将混凝土倒入模板中，出料口距操作面高度以 300 ~ 400mm 为宜，并不得集中一处倾倒。

（2）振捣时应沿承台、梁浇筑的顺序方向采用斜向振捣法，振动棒与水平倾角约 60° ，棒头朝前进方向，棒间距以 500mm 为宜，要防止漏振，振捣时间以混凝土表面翻浆冒出气泡为宜。混凝土表面应随振捣按标高线进行抹平。

2）柱混凝土浇筑

（1）柱混凝土浇筑前，或新浇混凝土与下层混凝土结合处，应在底面上均匀浇筑 50mm 厚与混凝土配比相同的水泥砂浆。砂浆应用铁铲入模，不应用料斗直接倒入模内。

（2）柱混凝土应分层浇筑振捣，每层浇筑厚度控制在 500mm 左右。混凝土下料点应分散布置，循环推进，连续进行，并控制好混凝土浇筑的延续时间。

（3）施工缝设置：柱子水平缝留置于主梁下面。

3）梁、板混凝土浇筑

（1）肋形楼板的梁板应同时浇筑，浇筑方法应由一端开始用“赶浆法”推进，先将梁分层浇筑成阶梯形，当达到楼板位置时再与板的混凝土一起浇筑。

（2）第一层下料慢些，使梁底充分振实后再下第二层料。用“赶浆法”使水泥浆沿梁底包裹石子向前推进，振捣时要避免触动钢筋及埋件。

（3）楼板浇筑的虚铺厚度应略大于板厚，用平板振动器垂直于浇筑方向来回振捣。注意不断用移动标志以控制混凝土板厚度。振捣完毕，用刮尺或拖板抹平表面。

（4）在浇筑与柱连成整体的梁和板时，应在柱浇筑完毕后停歇1～1.5h，使其获得初步沉实，再继续浇筑。

（5）浇筑梁柱接头前应按柱子的施工缝处理。

4）楼梯混凝土浇筑

（1）楼梯段混凝土自下而上浇筑。先振实底板混凝土，达到踏步位置与踏步混凝土一起浇筑，不断连续向上推进，并随时用木抹子（木磨板）将踏步上表面抹平。

（2）楼梯混凝土宜连续浇筑完成。

（3）施工缝位置：根据结构情况可留设于楼梯平台板跨中或楼梯段1/3范围内。

5）不同类型混凝土浇筑

（1）不同类型的混凝土应予以分隔，分隔时应按照如下原则：即强度等级较低或防水、抗裂要求较低的混凝土不得占入要求较高的混凝土的范围。内墙或内外墙不同类型混凝土的分隔主要采用在低强度等级部位增加一定宽度的高强度等级混凝土，其中内外墙的分隔缝应设在内墙上。

（2）不同类型的墙体混凝土可分开浇筑，也可同时浇筑，若同时浇筑，则应将输送设备分开，即不同的输送设备分别输送不同类型的混凝土，当确认要求较高的混凝土全部输送完毕后，方可用其输送要求较低的混凝土。少量类别的混凝土也可用塔式起重机入模。

6）混凝土的养护

（1）混凝土浇筑完毕后，应在 12h 以内加以覆盖，并浇水养护。

（2）混凝土浇水养护时间一般不少于 7d，掺用缓凝型外加剂的混凝土不得少于 14d。

（3）每日浇水次数应能保持混凝土处于足够的润湿状态。常温下每日浇水两次。

（4）采用塑料薄膜覆盖时，其四周应压至严密，并应保持薄膜内有凝结水。

3.4.3 质量标准

1）商品混凝土要有出厂合格证，混凝土所用的水泥、骨料、外加剂等必须符合规范及有关规定，使用前检查出厂合格证及有关试验报告。

2）混凝土的养护和施工缝处理必须符合施工质量验收规范规定及方案的要求。

3）混凝土强度的试块取样、制作、养护和试验要符合规定。

4）混凝土振捣密实，不得有蜂窝、孔洞、露筋、缝隙等缺陷。

5）在预留洞宽度大于 1m 的洞底平模处开振捣口和观察口，避免出现缺灰或漏振捣现象。

6）钢筋、模板工长跟班作业，发现问题及时解决，同时设专人看钢筋、模板。

7）浇筑前由生产部门经常注意天气变化，如有大雨延缓开盘，如正在施工中天气突然变化，原则是小雨不停，大雨采取防护措施，其措施是：已浇筑完毕的混凝土面用塑料薄膜覆盖，正在浇筑的部位搭设防水棚。

8）浇筑时要有专门的铺灰人员指挥浇筑，切忌“天女散花”，分配好清理人员和抹面人员。楼板必须用长 2~3m 的刮杠刮平。

9）做好混凝土浇筑记录。

10）每次开盘前必须做好开盘鉴定，经理部技术人员与搅拌站技术人员同时签认后方可开盘，并且随机抽查混凝土配合比情况。

11）现浇结构尺寸允许偏差和检验方法见下表。

<table>
<tr><th colspan="3">项 目</th><th>允许偏差（mm）</th><th>检验方法</th></tr>
<tr><td rowspan="3">轴线位置</td><td colspan="2">整体基础</td><td>15</td><td>经纬仪及尺量</td></tr>
<tr><td colspan="2">独立基础</td><td>10</td><td>经纬仪及尺量</td></tr>
<tr><td colspan="2">柱、墙、梁</td><td>8</td><td>尺量</td></tr>
<tr><td rowspan="4">垂直度</td><td rowspan="2">层高</td><td>≤ 6m</td><td>10</td><td>经纬仪或吊线、尺量</td></tr>
<tr><td>> 6m</td><td>12</td><td>经纬仪或吊线、尺量</td></tr>
<tr><td colspan="2">全高（H）≤ 300m</td><td>H/30000+20</td><td>经纬仪、尺量</td></tr>
<tr><td colspan="2">全高（H）>300m</td><td>H/10000 且≤ 80</td><td>经纬仪、尺量</td></tr>
<tr><td rowspan="2">标高</td><td colspan="2">层高</td><td>± 10</td><td>水准仪或拉线、尺量</td></tr>
<tr><td colspan="2">全高</td><td>± 30</td><td>水准仪或拉线、尺量</td></tr>
<tr><td rowspan="3">截面尺寸</td><td colspan="2">基础</td><td>+15，−10</td><td>尺量</td></tr>
<tr><td colspan="2">柱、梁、板、墙</td><td>+10，−5</td><td>尺量</td></tr>
<tr><td colspan="2">楼梯相邻踏步高差</td><td>6</td><td>尺量</td></tr>
<tr><td rowspan="2">电梯井</td><td colspan="2">中心位置</td><td>10</td><td>尺量</td></tr>
<tr><td colspan="2">长、宽尺寸</td><td>+25，0</td><td>尺量</td></tr>
</table>

续表

项 目		允许偏差（mm）	检验方法
表面平整度		8	2m 靠尺和塞尺量测
预埋件中心位置	预埋板	10	尺量
	预埋螺栓	5	尺量
	预埋管	5	尺量
	其他	10	尺量
预留洞、孔中心线位置		15	尺量

注：检查柱轴线、中心线位置时，沿纵、横两个方向测量，并取其中偏差的较大值。

12）施工注意事项。

（1）泵送过程注意事项。

①使用预拌混凝土时，如发现坍落度损失过大（超过 20mm），经过现场试验员同意，可以向搅拌车内加入与混凝土水灰比相同的水泥浆，或与混凝土配合比相同的水泥砂浆，经充分搅拌后才能卸入泵机内。严禁向储料斗或搅拌车内加水。

②泵送中途停歇时间一般不应大于 60min，否则要予以清管或添加自拌混凝土，以保证泵机连续工作。

③搅拌车卸料前，必须以搅拌速度搅拌一段时间方可卸入料斗。若发现初出的混凝土拌合物石子多、水泥浆少，应适当加入备用砂浆拌匀方可泵送。

④最初泵出的砂浆应均匀分布到较大的工作面上，不能集中一处浇筑。

（2）避免工程质量通病。

①蜂窝。

产生原因：振捣不密实或漏振，模板缝隙过大导致水泥浆流失，钢筋较密或石子相应过大。

预防措施：按规定使用和移动振动棒。中途停歇后再浇捣时，新旧接缝范围要小心振捣。模板安装前应清理模板表面及模板拼缝处的狭缝，才能使接缝严密。若接缝宽度超过 2.5mm，应进行填封，梁筋过密时应选择相应的石子粒径。

处理措施：首先用水冲洗、清理干净，同时保证不积水；其次用钢丝刷洗刷基层；最后对表面进行修补并使用 1 ∶ 2 的水泥砂浆找平。

②露筋。

产生原因：主筋保护层垫块不足，导致钢筋紧贴模板；振捣不实。钢筋垫块厚度要符合设计规定的保护层厚度；垫块放置间距适当，钢筋直径较小时，垫块间距宜密些，使钢筋下垂挠度减小；使用振动棒时必须待混凝土中气泡完全排除后才移动。

处理措施：首先用水冲洗、清理干净，同时保证不积水；其次用钢丝刷洗刷基层；最后对表面进行修补并使用 1 ∶ 2 的水泥砂浆找平。

③麻面。

产生原因：模板表面不光滑；模板湿润不够；漏涂隔离剂。

预防措施：模板应平整光滑，安装前要把粘浆清理干净，并满涂隔离剂。

处理措施：用清水将表面冲刷干净后再用 1 ∶ 2 或 1 ∶ 2.5 的水泥砂浆抹平。

④孔洞。

产生原因：在钢筋较密的部位，混凝土被卡住或漏振。

预防措施：对钢筋较密的部位（如梁柱接头）应分次下料，缩小分层振捣的厚度；按照规定使用振动器。

处理措施：凿去疏松软弱的混凝土，用压力水或钢丝刷洗刷干净，支模后，先涂纯水泥浆，再用比原混凝土高一级的细石混凝土填捣。如孔洞较深，可用压力灌浆法。

⑤缝隙及夹渣。

产生原因：施工缝没有按规定进行清理和浇浆，特别是柱头和楼梯。

预防措施：浇筑前重新检查柱头、施工缝、梯板脚等部位，清理杂物、泥砂、木屑。

处理措施：先清除杂物、泥砂、木屑，再用清水将表面冲刷干净后用 1 ∶ 2 或 1 ∶ 2.5 的水泥砂浆抹平。

⑥柱底部缺陷（烂脚）。

产生原因：模板下口缝隙不精密，导致漏水泥浆；或浇筑前没有先浇灌 50mm 厚以上水泥砂浆。

预防措施：模板缝隙宽度超过 2.5mm 时应予以填塞严密，特别要防止侧板吊脚；浇筑混凝土前先浇足 50 ~ 100mm 厚的同强度等级水泥砂浆。

⑦梁柱结点处（接头）断面尺寸偏差过大。

产生原因：柱头模板刚度差，或把安装柱头模板放在楼层模板安装的最后阶段，缺乏质量控制和监督。

预防措施：安装梁模板前，先安装梁柱接头模板，并检查其断面尺寸、垂直度、刚度，符合要求才允许接驳梁模板。

⑧楼板表面平整度差。

产生原因：振动后没有用拖板、刮尺抹平；跌级部位没有符合尺寸的模具定位；混凝土未达终凝就在上面行人和操作。

预防措施：浇捣楼面应提倡使用拖板或刮尺抹平，跌级要使用平直、厚度符合要求的模具定位；混凝土强度达到 1.2MPa 后才允许在混凝土面上操作。

⑨混凝土表面不规则裂缝。

产生原因：一般是由于淋水保养不及时，湿润不足，水分蒸发过快或厚大构件温差收缩，没有执行有关规定。

预防措施：混凝土终凝后立即进行淋水保养；高温或干燥天气要加麻袋草袋等覆盖，保持构件有较久的湿润时间。厚大构件参照大体积混凝土施工的有关规定。

⑩柱混凝土强度高于梁板混凝土强度时，应按图在梁柱接头周边用钢网或木板定位，并先浇梁柱接头，随后浇梁板混凝土。

⑪有台阶的构件，应先待下层台阶浇筑层沉实后再继续浇筑上层混凝土，防止砂浆从吊板下冒出导致烂根。

3.4.3 成品保护

序号	内容	保护措施
1	柱子	拆模后立即用塑料薄膜裹严，在四周或两侧搭设防护及硬质隔板，并挂标识牌，注明成品保护要求。混凝土柱四角用多层板做 1.5m 高护角。防护棱角被碰损坏
2	梁板	（1）混凝土浇筑完成，四周搭设围护栏杆及硬质隔板，挂标识牌，注明保护要求。 （2）待混凝土强度达到 1.2MPa 以上，方可在其上进行下一道工序施工和堆放少量物品。严禁提前上人或堆放物料。 （3）梁板必须待其混凝土达到规范、设计强度要求，方可进行模板拆除

续表

序号	内容	保护措施	
3	结构构件阳角	墙柱护角宽度为70mm，高度为1000mm	
4	楼梯踏步	楼板踏步护角宽度70mm，长度根据楼梯斜板宽度制作	

3.4.4 安全、环保措施

1. 安全文明措施

1）贯彻“安全第一，预防为主，综合治理”的方针，以项目经理为第一安全负责人。现场设立专职安全员，负责全工地的安全管理工作。

2）进入现场的施工人员必须戴好安全帽，高空作业必须系好安全带。上班前不准喝酒，上班时不准擅自离岗。

3）施工过程中，定期进行安全技术交底（各级），责任工程师对操作班组进行书面交底，并由班组对操作人员进行口头的安全技术交底，对施工人员进行安全生产教育。

4）重点做好作业区、生活区及仓库等重点部位的消防安全管理，做到提前防范、重点监控，及时排除火灾隐患。要合理有效地配置灭火器、消防桶等器材和设施；要全面落实防火措施，实行严格的动火审批制度，并设置专门动火监护人，实行现场监护。在明火作业时，要避开易燃易爆物品和装置，操作完毕后要认真清理现场，不留火灾隐患。加强对职工的预防火灾教育，采取有效措施严防发生火灾。

5）加强施工现场临时用电管理，切实做好临时施工用电和生活用电的安全防护。对现场的配电室、配电箱及开关箱进行全面的安全检查，对不符合“三级配电两级保护和一机一闸一漏”用电规范的要及时整改，对不符合安全要求的电线线路要立即更换。要认真检查维修漏电保护开关，确保动作灵敏可靠。

6）施工现场临时洞口及周边要严格按照相关规定，使用钢管或定型化围挡架设安全防护栏杆，并使用合格的安全网进行全封闭。同时，要在防护栏杆周边设置醒目的预防高空坠落的安全警示牌。登高作业人员必须穿戴防滑鞋、防护手套等防滑、防冻装备，并按要求戴好安全帽、系好安全带。

7）基坑周边必须进行有效防护，并设置明显的警示标志。浇筑混凝土时，必须搭设专用马道，并搭设防护栏杆，坑上设专人巡视。加强对基坑支护观测点的监控，随时观测边坡及毗邻建筑物、构筑物的变化，及时发现隐患并采取有效措施。

8）机械必须专人操作，施工现场经常移动的机电设备使用完毕后应放回工地库房或加以遮盖防雨，不得放在露天淋雨，不得放在坑内，避免雨水浸泡、淹没。手持电动工具的外壳、手柄、负荷线、插头、开关等必须完好无损，使用前要作空载检查，运转正常方可使用。

9）夜间施工必须有足够的照明，但不得随意拖拉照明用电。

10）雨期施工必须对现场进行雨期安全检查，发现问题及时处理。下雨前，必须做好机电设备的防雨、防淹、防潮、防霉、防锈蚀、防漏电、防雷击等措施，管好、用好施工现场机电设备，确保施工任务的顺利完成。经常检查电气设备的接零保护措施、电缆绝缘是否良好、接头是否包好，不要把电缆浸泡在水中。现场机械管理人员在雨施期间要加强对机械设备的保养和维修，加强巡视，一经发现机械运转隐患，立即处理，杜绝事故发生。做到昼夜有人值班，并严格执行交接班制度；雨后对各种机电设备、临时线路、外用脚手架等进行巡视检查，如发生倾斜、变形、下沉、漏电等迹象，应立即标志危险警示并及时修理加固，有严重危险的立即停工处理。

11）泵送混凝土施工时应注意：

（1）有人员通过之处的高压管段、距混凝土泵出口较近的弯管，宜设置安全防护设施。

（2）泵送混凝土卸料作业时，应由具备相应能力的专职人员操作。在出料及卸料部位附近工作时，应特别注意安全，以免发生意外；使用接长料斗溜槽时，切勿将手伸入溜槽连接处。对沾在进料斗、搅拌机洞口、搅拌筒拖轮等处的混凝土应及时冲洗干净。在铲除混凝土结块时，必须先使发动机熄火，停止搅拌筒转动。

（3）当输送管发生堵塞而需拆卸管夹时，应先对堵塞部位混凝土进行卸压，混凝土彻底卸压后方可进行拆卸。为防止混凝土突然喷射伤人，拆卸人员不应直接面对输送管管夹进行拆卸。

（4）排除堵塞后重新泵送或清洗混凝土泵时，末端输送管的出口应固定，并应朝向安全方向。

（5）应定期检查输送管道和布料管道的磨损情况，弯头部位应重点检查，对磨损较大、不符合使用要求的管道应及时更换。

（6）在设备的作业范围内，不得有高压线或影响作业的障碍物。布料设备与塔式起重机不得在同一范围内作业，施工过程中应进行监护。

（7）应控制设备出料口位置，避免超出施工区域，必要时应采取安全防护设施，防止出料口混凝土坠落。

（8）清洗输送管时，杆端附近不许站人，防止出料口喷射伤人。

（9）设备在出现雷雨、风力大于 6 级等恶劣天气时，不得作业。

（10）汽车泵外伸支腿底部应垫木板，泵车离基坑的安全距离应为基坑深度加 1m。

（11）泵送混凝土作业时，软管末端出口与浇筑面应保持 0.5 ~ 1m，防止埋入混凝土内，造成管内瞬间压力增高爆管伤人。

（12）清洗管道不准同时使用压力水与压缩空气，水洗中可改气洗，但气洗中途严禁改用水洗，在最后 10m 应缓慢加压。

12）混凝土振捣施工时应注意：

（1）使用振动器前，检查各部位是否连接牢固、旋转方向是否正确。

（2）振动器不得放在初凝的混凝土、地板、脚手架、道路和干硬的地面上进行试振。如检修或作业间断时，应切断电源。

（3）振动器应保持清洁，不得有混凝土粘结在电动机外壳上妨碍散热。

（4）振动器作业时，应使用移动式配电箱（电源线通过现场道路时，应架空或置于地槽内套管并盖板保护）。电缆线长度不应超过 30m，其外壳应作保护接零，并应安装动作电流不大于 15mA、动作时间不大于 0.1s 的漏电保护器。

（5）振捣作业时必须两人配合，一人操作振动棒，一人拉线及移动振动棒，作业人员必须穿戴绝缘手套、穿绝缘鞋。插入式振动器软轴的弯曲半径不得小于 50cm，并不得大于两个弯。

（6）操作时，振动棒应自然垂直地锚入混凝土，不得用于硬插、斜推或使钢筋夹住棒头，也不得全部插入混凝土中。作业转移时，电动机的导线应保持足够的长度和松度，严禁用电源线拖拉振动器。

（7）振动器使用完后，必须做好清洗、保养工作，并存放至干燥处。

13）使用潜水泵时应注意：

（1）潜水泵启动前检查水管是否结扎牢固；放气、放水、注油等时螺塞是否均旋紧；叶轮和进水节是否有杂物；电缆绝缘是否良好。

（2）潜水泵接通电源后，应先试运转，检查并确认旋转方向是否正确。在水外运转时间不得超过 5min。潜水泵应装设保护接零及漏电保护装置。

（3）潜水泵宜先装在坚固的框架里再入水中，泵应直立于水中，水深不得小于 0.5m，不得在含泥砂的水中使用。工作时，泵周围 30m 以内水面，不得有人、畜进入。作业人员应随时注意观察水位变化。泵体不得陷入污泥或露出水面。电缆不得与井壁、池壁相擦。潜水泵放入水中或提出水面时，应先切断电源，锁好配电箱。使用完后，从水中提出擦干后进行存放。

（4）严禁拖拽电缆或出水管，并每周测定一次电动机定子绕组的绝缘电阻，其值应无下降。

2. 绿色施工措施

1）环境保护

（1）在混凝土罐车运输时，不得污染场外道路。施工现场出口设置洗车设备，及时清洗车辆上的泥土，防止泥土外带。

（2）机械剔凿或构筑物机械拆除作业，可采取清理积尘、洒水湿润和设置隔挡等措施。

（3）混凝土浇筑前模板清扫和工完场清等各项清洁工作开始前，

均应进行洒水湿润。

（4）场区禁止车辆鸣笛，尤其夜间施工。

（5）混凝土浇筑时，禁止振动棒空振、卡钢筋振动或贴模板外侧振动。混凝土泵车宜尽量布置在远离场外人行道或建筑物的位置。

（6）混凝土后浇带、施工缝、结构胀模等易剔凿部位尽量采用人工剔凿，减少风镐的使用。

（7）夜间照明灯具设置遮光罩，透光方向集中在施工范围内。塔式起重机上设置大型罩式灯，随着工程进度及时调整罩灯的角度，保证强光线不射出工地外。必要时，在工作面四周采用彩条布或者密目网遮挡强光。

（8）冲洗车辆等污水，经过三级沉淀后方可排入市政管网。经过沉淀的水也可以用于洒水降尘和混凝土养护等。

（9）泵送和清洗过程中产生的废弃混凝土或清洗残余物，应按预先确定的处理方法和场所，及时进行妥善处理，不得将其用于未浇筑的结构部位，也不得随意排放。

（10）建筑垃圾指定统一堆放场地，不得直接接触土壤。

（11）施工现场划分责任区，责任区内的环保工作施行负责人制度。教育施工人员养成良好的卫生习惯，不随地乱丢垃圾、杂物，保持工作和生活环境的整洁。

2）节材与材料资源利用

（1）加强模板工程的质量控制，避免拼缝过大漏浆、加固不牢胀模等造成的混凝土浪费。

（2）加强混凝土供应计划和过程动态控制，余料制作成垫块和混凝土预制砌块等。

3）节水与水资源利用

（1）混凝土罐车冲洗污水和各种施工机具清洗用水经过三级沉淀后用于施工生产用水。经过沉淀的水也可以用于洒水降尘和混凝土养护等。

（2）覆膜养护，减少洒水养护次数。

4）节能与能源利用

（1）及时做好施工机械设备维修保养工作，使机械设备保持低耗、高效的状态。

（2）选择功率与负载相匹配的施工机械设备，优先选用节电型机械设备。

（3）合理安排施工流程，避免大功率用电设备同时使用，降低用电负荷峰值。

4

④

装配式工程施工工艺

4.1 预制墙柱施工工艺

4.1.1 施工工艺流程

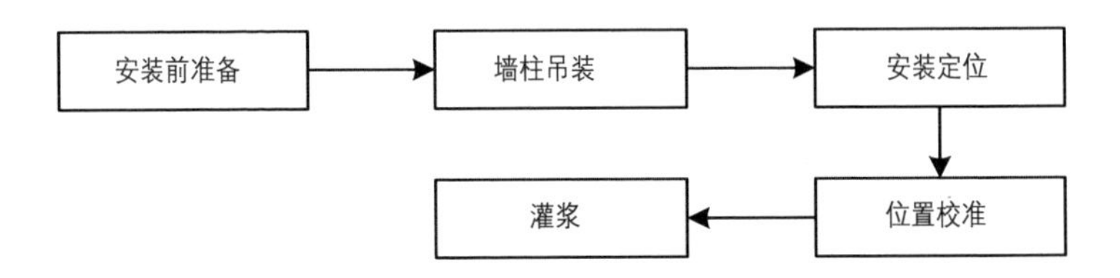

4.1.2 施工工艺标准图

序号	施工步骤	材料、机具准备	工艺要点	效果展示
1	构件安装准备	定位钢板、鼓风机、毛刷、墨斗等	（1）首层墙柱底钢筋预埋需进行精确定位，采用定位钢板进行辅助定位，按图纸要求将预埋钢筋与下层钢筋进行焊接固定，以避免柱筋偏位。 （2）清理结合面，根据定位轴线，在已施工完成的楼层板上放出预制墙柱定位边线及200mm控制线，方便施工操作及墙体控制	
2	预制墙柱吊装	起重设备、登高梯、吊绳、吊具、锤子等	（1）起吊墙板采用专用吊运钢梁，用卸扣将钢丝绳与外墙板上端的预埋吊环相连接，并确认连接紧固后，在板的下端放置两块1000mm×1000mm×100mm的海绵胶垫，以预防板起吊离地时板的边角被撞坏。并应注意起吊过程中，板面不得与堆放架发生碰撞。	

续表

序号	施工步骤	材料、机具准备	工艺要点	效果展示
2	预制墙柱吊装	起重设备、登高梯、吊绳、吊具、锤子等	（2）预制柱起吊前仔细核对构件编号，由专人负责挂钩、设置引导绳，待人员撤离至安全区域时，由起吊处信号工确认安全后进行试吊，缓慢起吊至距离地面0.5m，确定安全后，平稳起吊至安装面	
3	墙柱安装定位	全站仪、水准仪	（1）用塔式起重机缓缓将墙板吊起，待墙板的底边升至距地面50cm时略作停顿，再次检查吊挂是否牢固，板面有无污染破损，若有问题必须立即处理。确认无误后，继续提升使之慢慢靠近安装作业面，平稳下落。 （2）工作面上安装人员提前将临时斜支撑准备好，待构件下放至距安装面0.5m时，由安装工人手扶引导降落，缓慢降落至安装面，通过镜子观察套筒与插筋是否对孔，过程中使用小锤微调钢筋确保构件安装就位	 
4	位置校准	全站仪、水准仪	（1）墙柱垂直度调节采用可调节斜拉杆，每一块预制部品在一侧设置2道可调节斜拉杆。 （2）用螺栓将斜支撑固定在预制构件上，底部用膨胀螺栓将斜支撑固定在楼板上，通过对斜支撑上的调节螺栓的转动产生的推拉校正垂直方向，校正后应将调节把手用钢丝锁死，以防人为松动，保证安全	 

4.2 预制叠合梁施工工艺

4.2.1 施工工艺流程

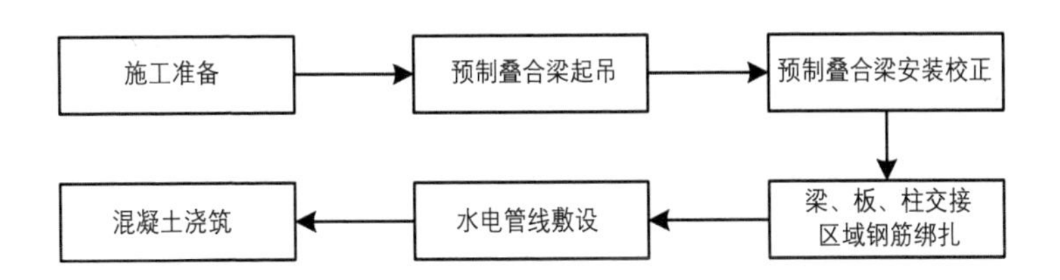

4.2.2 施工工艺标准图

序号	施工步骤	材料、机具准备	工艺要点	效果展示
1	施工准备	墨斗、吊锤、卷尺、红外线	（1）根据结构平面布置图，放出定位轴线及预制叠合梁定位控制边线，做好控制线标识。 （2）装配式预制叠合梁支撑体系宜采用可调式独立钢支撑体系。可调式独立钢支撑体系施工前应编制专项施工方案	
2	预制叠合梁起吊	起重设备、吊绳、吊具、安全带等	（1）检查预制叠合梁的编号、方向，吊环的外观、规格、数量、位置，次梁口位置等，吊索必须与预制叠合梁上的吊环一一对应。 （2）构件在起吊前应先确认吊装区域无操作人员入内。 （3）构件在起吊离地面高度为2m左右时，稍作停顿，消除构件摆动，检查构件是否牢靠	

续表

序号	施工步骤	材料、机具准备	工艺要点	效果展示
3	预制叠合梁安装校正	全站仪、水准仪	（1）构件在吊送至距离安装位置上方 300mm 时静停，确认支撑牢固，缓慢就位。 （2）调节独立支撑，检查预制叠合梁与梁、板、柱拼缝是否严实，是否与控制端线重合。 （3）先吊装主梁后吊装次梁；吊装次梁前必须对主梁进行校正完成。 （4）预制叠合梁搁置点位置使用 1 ~ 10mm 垫铁，待轴线和标高正确无误后将预制叠合梁主筋与剪力墙或梁柱钢筋进行点焊，最后卸除吊索	
4	梁、板、柱交接区域钢筋绑扎	钢筋、钢筋钩子、扎丝、电焊机、鼓风机、毛刷	（1）梁下部纵向受力钢筋可采用机械连接或焊接的方式直接连接。当柱截面尺寸不满足梁纵向受力钢筋的直锚要求时，宜采用锚固板锚固，也可以采用 90° 弯折锚固。 （2）主、次梁交接处箍筋需要加密，加密间距不得大于 $5d$，且不大于 100mm。然后穿入主梁面筋，再穿入次梁面筋，主梁面筋应贯通，次梁面筋搭在主梁面筋之上。 （3）在中间节点处，两侧次梁的下部纵向钢筋伸入主梁后浇段内长度不应小于 $12d$，次梁上部纵向钢筋应在现浇层内贯通	

续表

序号	施工步骤	材料、机具准备	工艺要点	效果展示
5	水电线管敷设	水电线管、线盒、胶水、胶带、填充海绵、钢筋扎钩、扎丝等	（1）预制叠合构件总体吊装就位并调整完成后，进行水电线管安装及预埋连接。 （2）水电线管安装完成后，立即绑扎楼板上部钢筋，最后进行后浇带处钢筋绑扎连接	
6	混凝土浇筑	混凝土、振动棒、磨光机、铁锹等	（1）在混凝土浇筑之前，应派专人对预制构件拼缝及其与模板之间的缝隙进行检查，必须全部满贴海绵胶带。 （2）混凝土浇筑前应清除叠合面上的杂物、浮浆及松散骨料，表面干燥时应洒水湿润，洒水后不得有积水，并应再次检查模板及支撑、钢筋、预埋件等是否符合规范要求	

4.3 预制叠合板施工工艺

4.3.1 施工工艺流程

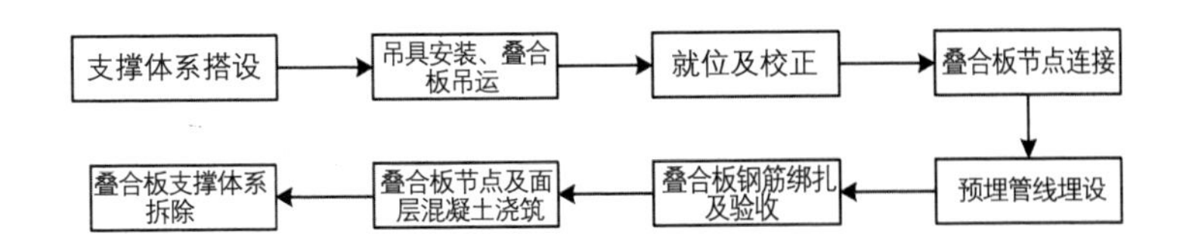

4.3.2 施工工艺标准图

序号	施工步骤	材料、机具准备	工艺要点	效果展示
1	安装支撑体系	铝模及配件、锤子、红外线、泡沫胶条	（1）叠合板支撑体系采用可调钢支撑搭设，并在可调钢支撑上铺设水平龙骨，根据叠合板的标高线，调节钢支撑顶端高度，以满足叠合板施工要求。 （2）现浇带及梁板交接处需粘贴泡沫胶条，防止漏浆	
2	叠合板吊装	起重设备、吊绳、吊具、安全带、方木、撬棍等	（1）叠合板起吊时，利用叠合板上设计的桁架筋 4 个吊点位置进行吊装，与吊钩连接的钢丝绳与叠合板水平面所成夹角不应小于 45°。 （2）叠合板吊运宜采用慢起、快升、缓放的操作方式。叠合板起吊区配置一名信号工和两名吊装工。叠合板起吊时，吊装工将叠合板与存放架的安全固定装置拆除，塔式起重机司机在信号工指挥下，使塔式起重机缓缓持力。当叠合板吊离存放架面正上方约 500mm 时，检查吊钩是否有歪扭或卡死现象以及各吊点受力是否均匀，并进行调整，使叠合板保持水平，然后吊至作业层上空	 
3	叠合板安装及校正	钢筋、钢筋钩子、扎丝、电焊机、鼓风机、毛刷	（1）将叠合板缓缓下落至设计安装部位时，叠合板搁置长度应满足设计规范要求，叠合板预留钢筋锚入剪力墙、柱的长度应符合规范要求。	

续表

序号	施工步骤	材料、机具准备	工艺要点	效果展示
3	叠合板安装及校正	钢筋、钢筋钩子、扎丝、电焊机、鼓风机、毛刷	（2）调整叠合板位置时，要垫小木块，不要直接使用撬棍，以避免损坏板边角，要保证搁置长度，其允许偏差不大于5mm。 （3）板安装完后进行标高校核，调节板下的可调支撑	
4	叠合板节点连接	钢筋、钢筋钩子、扎丝、电焊机、鼓风机、毛刷	（1）叠合板与剪力墙连接。 ①叠合板与剪力墙端部连接。预制剪力墙作为叠合板的端支座，叠合板搁置在剪力墙上，叠合板纵向受力钢筋在剪力墙端节点处采用锚入形式，搁置长度、锚固长度均应符合设计规范要求。 ②叠合板与剪力墙中间连接。预制剪力墙作为叠合板的中支座，剪力墙两端的叠合板分别搁置在预制剪力墙上，搁置长度应符合设计规范要求。叠合板纵向受力底筋在中间节点宜贯通或采用对接连接，面筋采用贯通钢筋连接预制剪力墙两端的叠合板面层。 （2）叠合板与叠合梁连接。叠合梁安装后，其预制反沿作为叠合板的支座，叠合板搁置在叠合梁上，叠合板纵向受力钢筋锚入叠合梁内，搁置长度和锚固长度均应符合设计规范要求。 （3）叠合板与叠合板连接。叠合板与叠合板的连接形式应根据设计确定。当采用现浇节点连接时，应根据设计要求绑扎节点钢筋，并设置附加钢筋；现浇节点可采用吊模作为底模板	

续表

序号	施工步骤	材料、机具准备	工艺要点	效果展示
5	水电线管敷设	水电线管、线盒、胶水、胶带、填充海绵等	在叠合板施工完毕后，绑扎叠合板面筋，同时埋设预埋管线。预埋管线与叠合板面筋绑扎固定，预埋管线埋设应符合设计和规范要求。敷设电气管线时要严格控制管线叠加处标高，严禁高出现浇层板顶标高，管线端头处做好保护	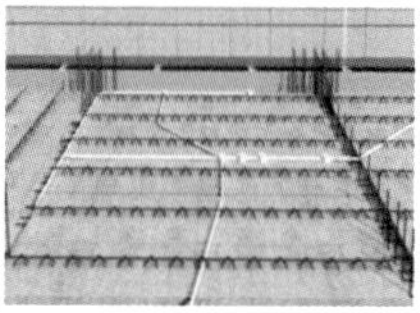
6	叠合板钢筋绑扎及验收	钢筋、扎钩、扎丝、电焊机等	（1）待机电管线铺设完毕清理干净后，根据在叠合板上方钢筋间距控制线进行钢筋绑扎，保证钢筋搭接和间距符合设计要求。同时，利用叠合板桁架钢筋作为上铁钢筋的马凳，确保上铁钢筋的保护层厚度。 （2）叠合板节点处理及面层钢筋绑扎后，由工程项目监理人员对此进行验收	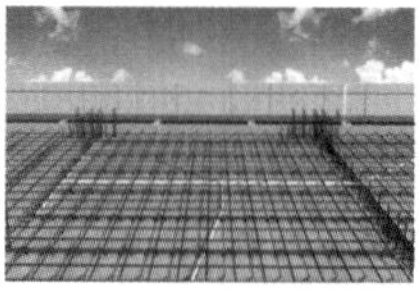
7	叠合板混凝土浇筑	汽车泵、混凝土、振动棒、铁锹、抹子、磨光机等	（1）混凝土浇筑前，应将模板内及叠合面的垃圾清理干净，并剔除叠合面松动的石子、浮浆。 （2）叠合板表面清理干净后，应在混凝土浇筑前 24h 对叠合面浇水湿润，浇筑前 1h 吸干积水。 （3）叠合板现浇层混凝土强度等级应满足设计要求。 （4）使用振动棒振捣，要尽量使混凝土中的气泡逸出，以保证振捣密实。	

续表

序号	施工步骤	材料、机具准备	工艺要点	效果展示
7	叠合板混凝土浇筑	汽车泵、混凝土、振动棒、铁锹、抹子、磨光机等	（5）混凝土初凝后使用磨光机进行收光处理。 （6）浇筑完成 8 ~ 10h 后开始浇水养护，要求保持混凝土湿润持续 7d	

4.4 预制楼梯施工工艺

4.4.1 施工工艺流程

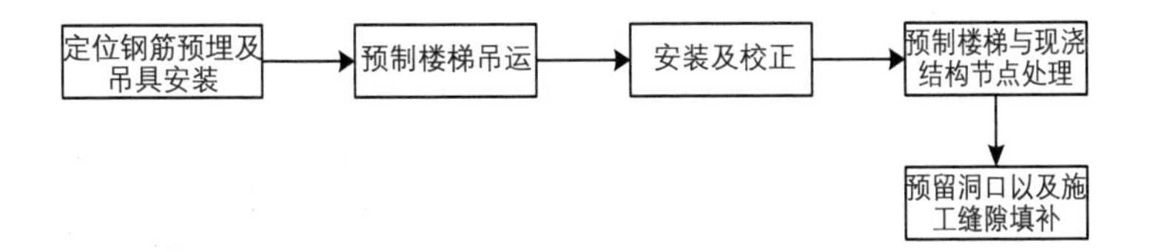

4.4.2 施工工艺标准图

序号	施工步骤	材料、机具准备	工艺要点	效果展示
1	定位钢筋预埋	塔式起重机、经纬仪、卷尺	（1）根据预制楼梯的设计位置和预留孔洞位置，在结构楼板上弹出定位钢筋预埋控制线，并预埋楼梯定位钢筋。 （2）当楼梯节点采用其他形式时，应根据设计的要求进行预埋钢筋的留设及支承梁的施工	

续表

序号	施工步骤	材料、机具准备	工艺要点	效果展示
2	吊具安装	卷尺、回弹仪、游标卡尺等	吊环螺钉与预埋套筒拧紧，调整索具铁链长度，使楼梯段休息平台处于水平位置。预制楼梯板起吊时，利用预制板上设计的4个吊点位置进行吊装	
3	预制楼梯吊运及就位	起重设备、吊绳、吊具、安全带、方木、撬棍等	（1）预制楼梯吊点预留方式可分为预留接驳器和预埋螺纹套筒两种，起吊钢丝绳与构件水平面所成夹角不应小于45°。 （2）预制楼梯吊运时宜采用慢起、快升、缓放的操作方式。预制楼梯起吊区配置一名信号工和两名吊装工。预制楼梯起吊时，吊装工将预制楼梯与存放架安全固定装置拆除，塔式起重机司机在信号工的指挥下，使塔式起重机缓缓持力将预制楼梯吊离存放架。当预制楼梯吊至离存放处200～300mm时，通过调节吊具链条，将预制楼梯调整水平，然后吊运至安装施工层。 （3）预制楼梯就位前，应清理预制楼梯安装部位基层，在信号工指挥下，将预制楼梯吊运至安装部位的正上方，并核对预制楼梯的编号	
4	安装及校正	起重设备、吊绳、吊具、安全带、方木、撬棍等	（1）预制楼梯安装。在预制楼梯安装层配置一名信号工和四名吊装工。塔式起重机司机在信号工的指挥下将预制楼梯缓缓下落，在吊装工协助下将预制楼梯的预留孔洞和上下平台梁上的预埋定位钢筋对正，对预制楼梯安装进行初步定位。	

续表

序号	施工步骤	材料、机具准备	工艺要点	效果展示
4	安装及校正	起重设备、吊绳、吊具、安全带、方木、撬棍等	（2）预制楼梯调校。根据弹设在楼层上的标高线和平面控制线，通过辅助微调装置、撬棒来调节预制楼梯的标高和平面位置，预制楼梯施工时应同步进行校正	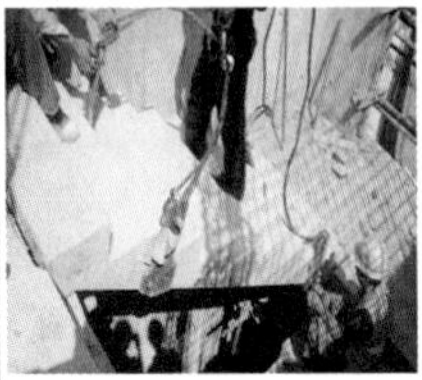
5	预留洞口及施工缝隙封堵	灌浆料、搅拌容器等	（1）楼梯固定铰端底部与现浇楼板留 20mm 水平连接缝，以砂浆封堵 20mm 缝隙；楼梯支承滑动铰端端部与现浇楼板留 30mm 水平连接缝，不填充，按建筑设计要求处理。楼梯固定铰端耳处用防水砂浆粉平，放置垫块调准标高，中间宽缝隙为空腔，放置 55mm × 55mm × 4mm 及 70mm × 70mm × 4mm PL 垫板及固定螺母后以砂浆封堵，起结构连接和防水作用。 （2）预制楼梯固定铰端采用 CGMJM－VI 型高强度灌浆料，当未给定工艺要求时，应按下述要求进行制备：严格按灌浆料出厂检验报告要求的水料比用电子秤分别称量灌浆料和水，也可用刻度量杯计量水。先将水倒入搅拌桶，然后加入约 70% 料，用专用搅拌机搅拌 1 ~ 2min，大致均匀后，再将剩余料全部加入，再搅拌 3 ~ 4min 至彻底均匀。搅拌均匀后，静置 2 ~ 3min，使浆内气泡自然排出后再使用。	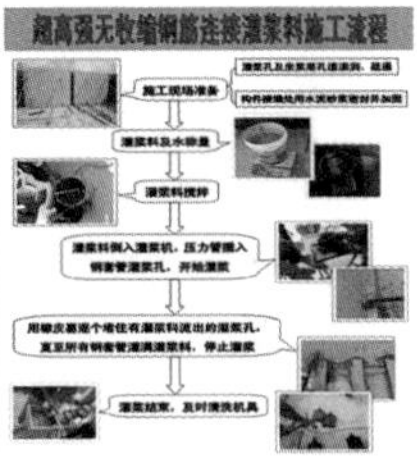 超高强无收缩钢筋连接灌浆料施工流程 施工现场准备 灌浆料及水称量 灌浆料搅拌 灌浆料倒入灌浆机，压力管插入钢套管灌浆孔，开始灌浆 用橡皮塞逐个堵住有灌浆料流出的溢浆孔，直至所有钢套管灌满灌浆料，停止灌浆 灌浆结束，及时清洗机具

续表

序号	施工步骤	材料、机具准备	工艺要点	效果展示
5	预留洞口及施工缝隙封堵	灌浆料、搅拌容器等	（3）灌浆料检验。 ①流动度检验。 每班灌浆连接施工前进行灌浆料初始流动度检验，记录有关参数，流动度合格方可使用。环境温度超过产品使用温度上限（35℃）时，须作实际可操作时间检验，保证灌浆施工在产品可操作时间内完成。 ②现场强度检验。 根据需要进行现场抗压强度检验。制作试件前浆料也需要静置 2 ~ 3min，使浆内气泡自然排出。试块要密封后按现场同条件养护。 （4）灌浆孔、出浆孔检查。 在正式灌浆前，逐个检查各接头的灌浆孔和出浆孔内有无影响浆料流动的杂物，确保孔路畅通。 （5）灌浆。 用灌浆泵（枪）从接头下方的灌浆孔处向套筒内压力灌浆。 ① 灌浆料要在自加水搅拌开始 20 ~ 30min 内灌完，以尽量保留一定的操作应急时间。 ② 同一仓只能在一个灌浆孔灌浆，不能同时选择两个以上孔灌浆。 ③ 同一仓应连续灌浆，不得中途停顿。如果中途停顿，再次灌浆时，应保证已灌入的浆料有足够的流动性后，还需要将已经封堵的出浆孔打开，待灌浆料再次流出后逐个封堵出浆孔。	

序号	施工步骤	材料、机具准备	工艺要点	效果展示
5	预留洞口及施工缝隙封堵	灌浆料、搅拌容器等	（6）灌浆、出浆孔封堵。 ① 接头灌浆时，待接头上方的排浆孔流出浆料后，及时用专用橡胶塞封堵。灌浆泵（枪）口撤离灌浆孔时，也应立即封堵。 ② 通过水平缝连通腔一次向构件的多个接头灌浆时，应按浆料排出先后依次封堵灌浆排浆孔，封堵时灌浆泵（枪）一直保持灌浆压力，直至所有灌排浆孔出浆并封堵牢固后再停止灌浆。如有漏浆须立即补灌损失的浆料。 ③ 在灌浆完成、浆料凝固前，应巡视检查，已灌浆的接头，如有漏浆及时处理。 ④ 灌浆料凝固后，取下灌排浆孔封堵胶塞，检查孔内凝固的灌浆料，其上表面应高于排浆孔下缘 5mm 以上。 ⑤ 灌浆后灌浆料同条件试块强度达到 35MPa 后方可进入后续施工（扰动）。通常环境温度在 15℃以上，24h 内构件不得受扰动；5 ~ 15℃，48h 内构件不得受扰动；5℃以下，视情况而定。如对构件接头部位采取加热保温措施，要保持加热 5℃以上至少 48h 期间构件不得受扰动	

4.5 控制措施

序号	预控项目	产生原因	预控措施
1	轴线、标高	（1）标高复核不准或无复核。 （2）测量仪器无校正。 （3）控制点无复核或超规	（1）每层结构楼面模板必须复核标高，无误后再浇捣混凝土。预埋前先测量并放出轴线、控制线。 （2）经纬仪工作状态应满足竖盘竖直，水平度盘水平；望远镜上下转动时，视准轴形成的视准面必须是一个竖直平面。水准仪工作状态应满足水准管轴平行于视准轴。 （3）用钢尺测量前应进行钢尺鉴定误差、温度测定误差的修正，并消除定线误差、钢尺倾斜误差、拉力不均匀误差、钢尺对准误差、读数误差等。 （4）每层轴线之间的偏差在 ±2mm。层高垂直偏差在 ±2mm。所有测量计算值均应列表，并应有计算人、复核人签字。在仪器操作上，测站与后视方向应用控制网点，避免转站而造成积累误差。定点测量应避免垂直角大于 45°。对易产生位移的控制点，使用前应进行校核。在 3 个月内，必须对控制点进行校核，避免因季节变化而引起的误差。在施工过程中，要加强对层高和轴线以及净空平面尺寸的测量复核工作
2	构件生产及安装	（1）模具生产尺寸误差。 （2）深化图纸有误。 （3）未按规范要求安装。 （4）运输堆放层数超规	（1）PC 结构成品生产、构件制作、现场装配各流程和环节，均应有健全的管理体系、管理制度。 （2）PC 结构制作及安装施工前，应加强设计图、施工图和 PC 加工图的结合，掌握有关技术要求及细部构造，编制 PC 结构专项施工方案，构件生产、现场吊装、成品验收等应制订专项技术措施。 （3）每块出厂的预制构件都应有产品合格证明、混凝土出厂强度检测报告，经总包单位、监理单位现场验收合格才能安装。 （4）组织专业多工种施工劳动力配置，选择和培训熟练的技术工人，按照各工种的特点和要求有针对性地组织与落实。

续表

序号	预控项目	产生原因	预控措施
2	构件生产及安装	（1）模具生产尺寸误差。 （2）深化图纸有误。 （3）未按规范要求安装。 （4）运输堆放层数超规	（5）施工前，按照技术交底内容和程序，逐级进行技术交底，对不同技术工种的针对性交底，贯彻施工操作要求。 （6）装配过程中，必须确保各项施工方案和技术措施落实到位，各工序质量控制应符合规范和设计要求。 （7）PC 结构应有完整的质量控制资料及观感质量验收，对涉及结构安全的材料、构件制作进行见证取样、送样检测。 （8）PC 结构工程的产品应采取有效的保护措施，对于破损的边角应进行修补
3	起重事故	（1）未按起重机操作要求吊装。 （2）超载吊装。 （3）斜吊。 （4）风力过大吊装。 （5）吊钩和吊环破损	（1）起重机操作时必须坚持“十不吊”原则。所有构件的起重，由司索工负责捆绑和挂钩，由指挥工负责指挥。 （2）严禁超载吊装。在某些特殊情况下难以避免时，应采取措施，如：在起重机吊杆上拉缆风绳或在其尾部增加平衡重等。起重机增加平衡重后，卸载或空载时，吊杆必须落到与水平线夹角 60° 以内。在操作时应缓慢进行。 （3）禁止斜吊。这里讲的斜吊，是指所要起吊的重物不在起重机起重臂顶的正下方，因而当将捆绑重物的吊索挂上吊钩后，吊钩滑车组不与地面垂直，而与水平线呈一个夹角。斜吊会造成超负荷及钢丝绳出槽，甚至拉断绳索。斜吊还会使重物在离开地面后发生快速摆动，可能碰伤人或其他物体。 （4）绑扎构件的吊索需经过计算，绑扎方法应正确、牢靠。所有起重工具应定期检查。不吊重量不明的重大构件或设备。 （5）禁止在六级风的天气下进行吊装作业。 （6）起重吊装的指挥人员必须持证上岗，作业时应与起重机驾驶员密切配合，执行规定的指挥信号。驾驶员应听从指挥，当信号不清或错误时，驾驶员可拒绝执行。吊装的指挥人员必须采用双指挥信号。

续表

序号	预控项目	产生原因	预控措施
3	起重事故	（1）未按起重机操作要求吊装。 （2）超载吊装。 （3）斜吊。 （4）风力过大吊装。 （5）吊钩和吊环破损	（7）严禁起吊重物长时间悬挂在空中，作业中遇突发故障，应采取措施将重物降落到安全的地方，并关闭发动机或切断电源后进行检修。在突然停电时，应立即把所有控制器拨到零位，断开电源总开关，并采取措施使重物降到地面。 （8）起重机的吊钩和吊环严禁补焊。当吊钩、吊环表面有裂纹、严重磨损或危险断面有永久变形时应予更换。 （9）在起重机作业半径范围以内严禁非操作人员入内，防止发生意外

4.6 技术交底

4.6.1 施工准备

1. 材料要求

使用方应在使用期间对吊具安全性能时时关注，加强日常安全检查，尤其是对钢丝绳、吊钩、丝扣等损耗型配件的检查，如发生变形、裂缝、焊缝开裂等异常情况，应立即停止使用，严禁违规带病作业；如使用方在使用前发现吊具主架出现异常情况，需立即停止使用并及时进行维修替换。

2. 施工机具

起重设备、吊绳、吊具、安全带、方木、撬棍、汽车泵、混凝土、振动棒、铁锹、抹子、磨光机、扎钩、扎丝、电焊机、卷尺、回弹仪、游标卡尺、灌浆料、搅拌容器、塔式起重机、经纬仪等。

3. 作业要求

（1）预制构件安装前应按设计图纸核对构件的型号及尺寸，并检查构件的质量，不符合规范要求的不得使用。

（2）起吊点应严格按照出厂前预制构件产品上已标识吊点位置吊装。

（3）吊装过程中应使构件基本保持水平，起吊、平移及落板时应保持速度平缓，避免速度过快造成较大的惯性力，避免与其他物体相撞。

（4）应保证起重设备的吊钩位置与吊具及构件中心在垂直方向上重合，采用专用吊具，吊具应具有足够的承载能力和刚度，并保证每个吊点均匀受力。

（5）吊装过程中应使构件基本保持水平，起吊、平移及落板时应保持速度平缓，避免速度过快造成较大的惯性力。

（6）铺板前应在要铺板部位四周梁边或墙边注明板的型号及板长，以方便铺板时快速安装就位。

（7）当预制底板叠合层混凝土与板端梁（剪力墙、柱）一起现浇时，预制底板板端伸入梁（剪力墙、柱）内不小于 10mm。

（8）特别注意：叠合板在工地现场安装时，浇筑叠合层混凝土应布料均衡，布料的堆积高度严格按照现浇层厚度加施工活荷载 1.5kN/m^2 控制，并应采用振动器振捣密实，以保证与预制底板结合成一整体。

4.6.2 操作工艺

1. 工艺流程

测量、放线→构件进场检查→吊具安装→安装调节支撑→起吊、调平→吊运→钢筋对位→落位→标高调整→水平、垂直度调整→就位、微调。

2. 施工要点

（1）测量、放线：在梁、板、楼梯上测量并弹出相应的内外表面、左右侧及标高控制线，设置安装定位标志。

（2）构件进场检查：复核构件尺寸及构件质量。

（3）吊具安装：根据构件形式选择配套吊具和螺栓，将起重设备的吊绳（吊钩）套入预制薄板两端吊钩上，且保证为四点起吊，不得两点起吊或三点起吊，不得将吊绳（吊钩）套入板肋预留孔内进行吊装。

（4）安装调节支撑：按照标高对下方支撑进行微调。

（5）起吊、调平：起吊前将板面杂物清理干净，板上不能放置其他重物，且每次只能单块吊装；吊装过程中应使板面基本保持水平，起吊、平移及落板时应保持速度平缓，避免速度过快形成较大的惯性力；严格按照施工图纸的预先编号顺序进行吊装作业，构件下方吊至离地面 20cm，采用捯链将其调整至水平；应采用慢起、稳升、缓放的操作方式；起吊时应依次逐级增加速度，不应越档操作。

（6）吊运：预制构件在吊装过程中，应保持稳定，不得偏斜、摇摆和扭动，安全、快速地吊至就位地点上方。

（7）钢筋对位：调整梁柱节点钢筋，确保与框架柱钢筋相互不冲突。

（8）落位：两侧调整完成后，根据内侧控制线缓慢就位。

（9）标高调整：通过捯链和梁、板上的控制线对构件标高进行调整。

（10）水平、垂直度调整：根据线锤和水平尺调整预制构件平整度及垂直度。

（11）就位、微调：卸掉塔式起重机拉力，使用撬棍对梁位置进行微调，确保水平、垂直度及标高满足要求。

4.6.3 质量标准

预制构件模具质量检验标准

项次	检验项目及内容	偏差控制范围	允许偏差（mm）	检验方法
1	长度	≤ 6m	（1，-2）	用钢尺量平行构件高度方向，取其中偏差绝对值较大处
		＞ 6m 且 ≤ 12m	（2，-4）	
		＞ 12m	（3，-5）	
2	截面尺寸	墙板	（1，-2）	用钢尺测量两端或中部，取其中偏差绝对值较大处
3		其他构件	（2，-4）	用靠尺和塞尺量
4	对角线差		3	用钢尺量纵、横两个方向对角线
5	侧向弯曲		L/1500 且 ≤ 5	拉线，用钢尺量测侧向弯曲最大处
6	翘曲		L/1500	对角拉线测量交点间距离值的两倍
7	底模表面平整度		2	用 2m 靠尺和塞尺量
8	组装缝隙		1	用塞片或塞尺量
9	端模与侧模高低差		1	用钢尺量

注：L 为模具与混凝土接触面中最长边的尺寸。

预埋件加工质量检验标准

项次	检验项目及内容		允许偏差（mm）	检验方法
1	预埋钢板的边长		（0，-5）	用钢尺量
2	预埋钢板的平整度		1	用直尺和塞尺量
3	锚筋	长度	（10，-5）	用钢尺量
		间距偏差	±10	用钢尺量

模具预留孔洞中心位置质量检验标准

项次	检验项目及内容	允许偏差（mm）	检验方法
1	预埋件、插筋、吊环、预留孔洞中心线位置	3	用钢尺量
2	预埋螺栓、螺母中心线位置	2	用钢尺量

注：检查中心线位置时，应沿纵、横两个方向测量，并取其中的较大值。

预制楼板类构件质量检验标准

项次	检查项目			允许偏差（mm）	检验方法
1	规格尺寸	长度	＜12m	±5	用尺量两端及中部，取其中偏差绝对值的较大值
			≥12m且＜18m	±10	
			≥18m	±20	
2		宽度		±5	用尺量两端及中部，取其中偏差绝对值的较大值
3		厚度		±5	用尺量板四角和四边中部位置共8处，取其中偏差绝对值的较大值
4		对角线线差		6	在构件表面，用尺量两对角线的长度，取其绝对值的差值
5	外形	表面平整度	内表面	4	用2m靠尺安放在构件表面上，用楔形塞尺量测靠尺与表面之间的最大缝隙
			外表面	3	
6		楼板侧向弯曲		$L/750$且≤20	拉线，用钢尺量最大弯曲处
7		扭翘		$L/750$	四对角拉两条线，量测两线交点之间的距离，其值的2倍为扭翘值

续表

项次	检查项目			允许偏差（mm）	检验方法
8	预埋部件	预埋钢板	中心线位置偏差	5	用尺量测纵横两个方向的中心线位置，取其中较大值
			平面高差	0，−5	用尺紧靠在预埋件上，用楔形塞尺量测预埋件平面与混凝土面的最大缝隙
9		预埋螺栓	中心线位置偏移	2	用尺量测纵横两个方向的中心线位置，取其中较大值
			外露长度	+10，−5	用尺量
10		预埋线盒、电盒	在构件表面的水平方向中心位置偏差	10	用尺量
			与构件表面混凝土高差	0，−5	用尺量
11		预留孔	中心线位置偏移	5	用尺量测纵横两个方向的中心线位置，取其中较大值
			孔尺寸	±5	用尺量测纵横两个方向的尺寸，取其中较大值
12		预留洞	中心线位置偏移	5	用尺量测纵横两个方向的中心线位置，取其中较大值
			洞口尺寸、深度	±5	用尺量测纵横两个方向的尺寸，取其中较大值
13		预留插筋	中心线位置偏移	3	用尺量测纵横两个方向的中心线位置，取其中较大值
			外露长度	±5	用尺量
14		吊环、木砖	中心线位置偏移	10	用尺量测纵横两个方向的中心线位置，取其中较大值
			留出高度	（0，−10）	用尺量
15	桁架钢筋高度			（+5，0）	用尺量

预制构件安装尺寸质量检验标准

项次	项目			允许偏差（mm）	检验方法
1	构件中心线对轴线位置	基础		15	用经纬仪及尺量
2		竖向构件（柱、墙、桁架）		8	用经纬仪及尺量
3		水平构件（梁、板）		5	
4	构件标高	梁、柱、墙板底面或顶面		±5	
5	构件垂直度	墙、柱	≤6m	5	用经纬仪或吊线、尺量
6			＞6m	10	
7	构件倾斜度	梁、桁架		5	用经纬仪或吊线、尺量
8	相邻构件平整度	板端面		5	用2m靠尺和塞尺量
		梁、板底面	外露	3	
			不外露	5	
		墙、柱侧面	外露	5	
			不外露	8	
9	构件搁置长度	梁、板		±10	用尺量
10	支座、支垫中心位置	板、梁、柱、墙、桁架		10	用尺量
11	墙板接缝	宽度		±5	用尺量

装配式结构构件位置和尺寸允许偏差及检验方法

项次	项目			允许偏差（mm）	检查方法
1	构件轴线位置	竖向构件（柱、墙板、桥架）		8	用经纬仪及尺量
		水平构件　（梁、楼板）		5	
2	标高	梁、柱、墙板、楼板地面或顶面		±5	用经纬仪或吊线 、尺量
3	构件垂直度	柱、墙板安装后的高度	≤6m	5	用经纬仪或吊线、尺量
			＞6m	10	用经纬仪或吊线、尺量

续表

<table>
<tr><th>项次</th><th colspan="3">项目</th><th>允许偏差（mm）</th><th>检查方法</th></tr>
<tr><td>4</td><td>构件倾斜度</td><td colspan="2">梁、桥架</td><td>5</td><td>用经纬仪或吊线、尺量</td></tr>
<tr><td rowspan="4">5</td><td rowspan="4">相邻构件平整度</td><td rowspan="2">梁、楼板底面</td><td>外露</td><td>3</td><td rowspan="4">用 2m 靠尺和塞尺量测</td></tr>
<tr><td>不外露</td><td>5</td></tr>
<tr><td rowspan="2">柱、墙板</td><td>外露</td><td>5</td></tr>
<tr><td>不外露</td><td>8</td></tr>
<tr><td>6</td><td>构件搁置长度</td><td colspan="2">梁、板</td><td>± 10</td><td>用尺量</td></tr>
<tr><td>7</td><td>支座、支垫中心位置</td><td colspan="2">板、梁、柱、墙板、桥架</td><td>10</td><td>用尺量</td></tr>
<tr><td>8</td><td colspan="3">墙板接缝宽度</td><td>± 5</td><td>用尺量</td></tr>
</table>

预制楼梯安装质量检验标准

项次	检查项目	允许偏差（mm）	检验方法
1	预制楼梯轴线位置	5	用基准线尺测
2	预制楼梯标高	± 5	用水准仪或拉线尺测
3	相邻构件平整度	4	用塞尺量测
4	预制楼梯搁置长度	± 10	用尺量
5	支座、支垫中心线位置	10	用尺量

4.6.4 成品保护

1）交叉作业时，应做好工序交接，不得对已完成工序的成品、半成品造成破坏。

2）预制构件在安装施工过程中及装配后应做好成品保护，成品保护可采取包、裹、盖、遮等有效措施：

（1）预制外墙板饰面砖、石材、涂刷、门窗等处宜采用贴膜保护或其他专业材料保护。预制外墙板安装完毕后，门、窗框应用槽形木框保护。

（2）装配式建筑的预制构件和部品在安装施工过程中及工程验收前，应采取防护措施，不应受到施工机具碰撞。施工梯架、工程用的物料等不得支撑、顶压或斜靠在成品上。

（3）当进行混凝土地面等施工时，应防止物料污染、损坏预制构件和部品表面。

（4）遇有大风、大雨、大雪等恶劣天气时，应采取有效措施对存放预制构件成品进行保护。

3）预制构件安装完成后的成品应采取有效的产品保护措施连接止水条、高低口、墙体转角等薄弱部位，应采用定型保护垫块或专用套件作加强保护。

4）在装配式结构的施工全过程中，应采取防止预制构件及预制构件上的建筑附件、预埋件、预埋吊件等损伤或污染的保护措施。

5）预制楼梯饰面宜采用现场后贴施工，采用构件制作先贴法时，应采用铺设木板或其他覆盖形式的成品保护措施。楼梯安装后，踏步口宜铺设木条或其他覆盖形式保护。

6）预制构件暴露在空气中的预埋铁件应涂抹防锈漆。

7）预制构件的预埋螺栓孔应填塞海绵棒。

4.6.5 安全、环保措施

1. 安全防护

（1）装配整体式混凝土结构施工宜采用围挡或安全防护操作架，特殊结构或必要的外墙板构件安装可选用落地脚手架，脚手架搭设应符合国家现行有关标准的规定。

（2）装配整体式混凝土结构施工在绑扎柱、墙钢筋时，应采用专用登高设施，当高于围挡时，必须佩戴穿芯自锁保险带。

（3）安全防护采用围挡式安全隔离时，楼层围挡高度应不低于1.5m，阳台围挡不应低于1.1m，楼梯临边应加设高度不小于0.9m的临时栏杆。

（4）围挡式安全隔离，应与结构层有可靠连接，满足安全防护需要。

（5）围挡设置应采取吊装一件外墙板即拆除相应位置围挡的方法，按吊装顺序，逐块进行。预制外墙板就位后，应及时安装上一层围挡。

（6）安全防护采用操作架时，操作架应与结构有可靠的连接体系，操作架受力应满足计算要求。

（7）预制构件、操作架、围挡在吊升阶段，在吊装区域下方设置安全警示区域，安排专人监护，该区域不得随意进入。

（8）遇到大雨、大雪、大雾等恶劣天气或者六级以上大风时，不得进行预制构件吊装。

（9）装配整体式结构施工现场应设置消防疏散通道、安全通道以及消防车通道，防火防烟应分区。

（10）施工区域应配制消防设施和器材，设置消防安全标志并定期检验、维修，消防设施和器材应完好、有效。

2. 施工安全

（1）从事安装的操作人员应经过体格检查，合格方可上岗作业；严禁酒后从事吊装工作。

（2）操作人员必须戴安全帽，高空作业还必须穿防滑鞋，系安全带，安全带必须挂在牢固、可靠的地方；所用工具要用绳子扎好，或放入工具包内；登高用梯子操作必须牢固。

（3）起重机应与吊装作业区的架空电线保持 2.5m 以上的安全距离，必要时对高压供电线路采取防护措施。

（4）起吊时，起重机升降吊钩要平稳，避免紧急掣动和冲击；同时避免超负荷吊装和带负荷长距离行走，在接近满负荷时，不得同时进行两种操作。

（5）吊装过程中不得在已吊起的构件下面或起重臂旋转半径范围内作业或行走。

（6）起重机停止工作时，应刹住回转和行走机构，关闭、锁好司机室门；吊钩上不得悬挂物件，并应升到高处，以免摆动伤人。

（7）吊运预制构件时，下方禁止站人，不得在构件顶面上行走，必须待吊物降落至离地 1m 以内方准靠近，就位固定后方可脱钩。

（8）高空构件装配作业时，严禁在结构钢筋上攀爬。

（9）预制外墙板吊装就位并固定牢固后，方可进行脱钩，脱钩人员应使用专用梯子，在楼层内操作。

（10）预制外墙板吊装时，操作人员应站在楼层内，佩戴穿芯自锁保险带并与楼面内预埋件（点）扣牢。

（11）当构件吊至操作层时，操作人员应在楼层内用专用钩子将构件上系扣的缆风绳钩至楼层内，然后将墙板拉到就位位置。

（12）预制构件吊装应单件逐件安装，起吊时构件应水平和垂直。

（13）操作人员在楼层内进行操作，在吊升过程中，非操作人员严禁在操作架上走动与施工。

（14）当一副操作架吊升后，操作架端部出现的临时洞口不得站人或施工。

（15）操作架要逐次安装与提升，不得交叉作业，每一单元不得随意中断提升，严禁操作架在不安全状态下过夜。

（16）操作架安装、吊升时，如有障碍，应及时查清，并在排除障碍后，方可继续。

（17）预制结构现浇部分的模板支撑系统不得利用预制构件下部临时支撑作为支点。

3. 环境保护

（1）预制构件运输和驳运过程中，应保持车辆整洁，防止对道路造成污染，减少道路扬尘，施工现场出口应设置洗车池。

（2）在施工现场应加强对废水、污水的管理，现场应设置污水池和排水沟。废水、废弃涂料、胶料应统一处理，严禁未经过处理直接排入排水管道。

（3）装配整体式混凝土结构施工中产生的胶粘剂、稀释剂等易燃、易爆化学制品的废弃物应及时收集送至指定存储器内，按规定回收，严禁未经处理随意丢弃和存放。

（4）装配式结构施工应选用绿色、环保材料。

（5）预制混凝土叠合夹芯保温墙板和预制混凝土夹芯保温外墙板内保温系统的材料，采用粘贴板块或喷涂工艺的保温材料，其组成材料应彼此相容，并应对人体和环境无害。

（6）应选用低噪声设备和性能完好的构件装配起吊机械进行施工，机械、设备应定期维护保养。

（7）构件装配时，施工楼层与地面联系不得选用扩声设备，应使用对讲机等低噪声器具或设备。

（8）在预制结构施工期间，应严格控制噪声和遵守国家标准《建筑施工场界环境噪声排放标准》GB 12523—2011 的规定。

（9）在夜间施工时，应防止光污染对周边居民的影响。

5

⑤ 钢结构工程施工

5.1 钢结构安装施工

5.1.1 地脚螺栓安装

5.1.1.1 施工工艺流程

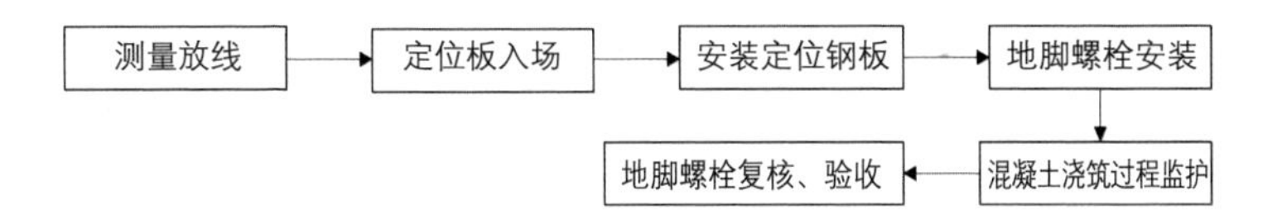

5.1.1.2 施工工艺标准图

序号	施工步骤	材料、机具准备	工艺要点	效果展示
1	测量放线		在绑扎完毕的基础面筋上测设出对应螺栓组十字中心线的标志，并在螺栓组对应定位钢板上定位出螺栓组十字中心线	
2	安装定位钢板	记号笔、扭力扳手	定位钢板置于基础面筋上，使定位钢板的十字丝与面筋上的十字丝标志对齐，找正找平，初步固定	
3	安装地脚螺栓		将地脚螺栓插入定位钢板螺栓孔内，将螺杆上部用螺母初步固定，并找正复核，把螺栓顶部全部调整到设计要求标高	

续表

序号	施工步骤	材料、机具准备	工艺要点	效果展示
4	浇筑保护	记号笔、扭力扳手	待中心轴线与标高校验合格后，用钢筋把底部主筋和定位钢板焊接牢固。并在螺栓螺纹部分涂上黄油，包上油纸，并加套管保护	

5.1.1.3 控制措施

序号	预控项目	产生原因	预控措施
1	预埋螺栓材料变形	运输过程中发生碰撞、挤压、磨损	预埋螺栓运输时要轻装轻放，防止变形。进场后按同型号、规格堆放并注意保护。预埋螺栓验收应符合设计及规范要求，验收合格后用塑料胶纸包好螺纹，防止损伤或生锈
2	定位不准，误差较大	审图不认真，定位不牢固，缺少复核	螺栓预埋前，施工人员应认真审图，熟悉每组预埋螺栓的形状、尺寸、轴线位置、标高。用经纬仪测放定位轴线，用标准钢尺复核间距，用水准仪测放标高并做好放线标记。按照已测放好的定位轴线和标高安装螺栓并点焊牢固。螺栓预埋完毕后，复检各组螺栓之间的相对位置，确认无误后报监理公司验收
3	螺栓污染	混凝土浇筑前缺少保护措施，浇筑过程中振捣破坏	验收合格后，对螺栓丝杆抹上黄油，并包裹处理，防止污染和损坏螺栓螺纹。浇筑混凝土，安排人员跟踪观察。混凝土浇筑过程中应注意成品保护，避免振动棒碰到预埋螺栓

5.1.2 钢柱安装

5.1.2.1 施工工艺流程

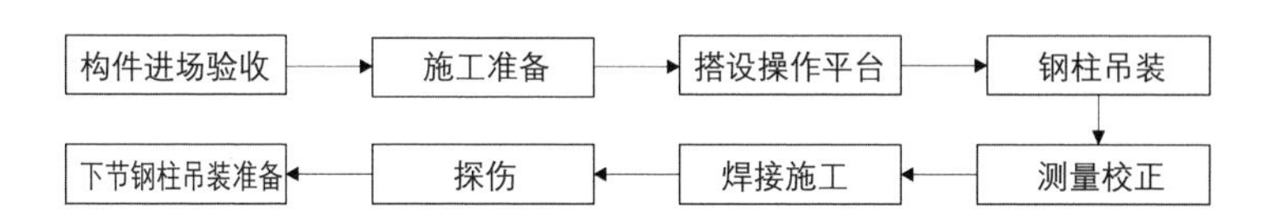

5.1.2.2 施工工艺标准图

序号	施工步骤	材料、机具准备	工艺要点	效果展示
1	钢爬梯及操作平台搭设		钢柱吊装前在钢柱一侧设置钢爬梯，作为施工人员到达柱顶操作平台的垂直通道，在钢柱连接板下端孔上设置圆钢，钢爬梯挂设在圆钢管上，便于设置	
2	钢柱吊装	塔式起重机、钢丝绳、卡环、捯链、缆风绳、千斤顶	检查钢柱连接口，清理连接口上焊渣、泥土等污迹，钢柱起吊前在地面设置钢爬梯、防坠器等，为钢柱吊装作准备。钢柱吊装前在钢柱上设置溜绳，钢柱吊装至就位位置附近，通过拉设溜绳，防止钢柱与顶模系统、已安装钢柱发生碰撞	
3	钢柱连接		钢柱吊装采用四点，临时连接采用双夹板	

序号	施工步骤	材料、机具准备	工艺要点	效果展示
4	钢构件校正	塔式起重机、钢丝绳、卡环、捯链、缆风绳、千斤顶	钢柱、钢节点校正需采用钢柱错位调节措施，主要工具包括调节固定托架和千斤顶、捯链	

5.1.2.3 控制措施

序号	预控项目	产生原因	预控措施
1	对接焊接质量不合格	未复核测量标注，焊接前钢柱表面渣土、浮锈未清理干净	对现场的测量标注、建筑物的定位线以及高程水准点进行复核确认。吊装前，要将底座柱顶面和本节钢柱底面的渣土和浮锈清除干净，以保证上下节钢柱对接焊接时焊道内的清洁
2	对接错位	未按顺序施工，缺少初步校核	钢柱就位后，与底座柱头的中心线吻合，并四面兼顾，调节临时连接板并穿好安装螺栓。钢柱吊装完成、初校合格后，方可进入下道工序作业，施工过程中必须注意的是，钢柱上下段对接必须准确，对接口错位过大容易造成箱形钢柱受力偏心，增加校正工作量及安全隐患
3	钢柱安装位置误差较大	错误引用下节钢柱轴线，未综合考虑校正因素	首先通过水准仪将标高点引测至柱身，将钢柱标高调校到规范范围后，再进行钢柱垂直度校正，钢柱校正后，经复核正确无误才能交下道工序施工。 钢柱校正时应对轴线、垂直度、标高、焊缝间隙等因素进行综合考虑，每个分项的偏差值都要符合设计及规范要求

5.1.3 钢梁安装

5.1.3.1 施工工艺流程

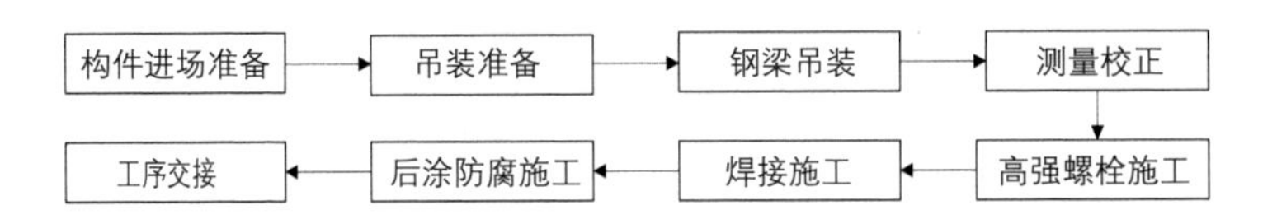

5.1.3.2 施工工艺标准图

序号	施工步骤	材料、机具准备	工艺要点	效果展示
1	吊装准备	塔式起重机、钢丝绳、卡环、捯链、缆风绳	钢梁吊装前，应清理钢梁表面污物，对产生浮锈的连接板和摩擦面进行除锈	
2	钢梁吊装		对于大跨钢梁及钢柱间主梁吊装可采用焊接吊耳的方法进行，对于长度较短钢梁采用预留吊装孔进行“串吊”。钢梁在工厂加工时应预留吊装孔或设置吊耳作为吊点	
3	高强螺栓施工		待吊装的钢梁应配备好附带的连接板及安装螺栓，安装螺栓用工具包系好。吊装时应用临时螺栓进行临时固定，不得将高强螺栓直接穿入	
4	防腐涂料施工		钢构件安装过程中，随外框各楼层结构逐步施工完成，以楼层为单位划分施工区域，从下至上依次交叉进行现场防腐涂装施工；每个施工区域在立面从上至下逐层涂装，在平面按顺时针方向进行涂装	

5.1.3.3 控制措施

序号	预控项目	产生原因	预控措施
1	钢梁安装位置偏差较大	测量校对漏项缺项	校正时应对轴线、水平度、标高、连接板间隙等因素进行综合考虑，全面兼顾，每个分项的偏差值都要达到设计和规范要求
2	焊接质量不合格	钢梁表面未清理干净	钢梁吊装前，应清理钢梁表面污物，对产生浮锈的连接板和摩擦面进行除锈
3	孔位不正，强行对孔，螺栓螺纹损伤	直接插入高强螺栓，未采用临时安装螺栓临时固定	高强螺栓安装前，构件将采用临时安装螺栓进行临时固定，待高强螺栓完成部分安装时，拆除临时安装螺栓，以高强螺栓代替。高强螺栓分两次拧紧，第一次初拧到标准预拉力的 60% ~ 80%，第二次终拧到标准预拉力的 100%。装配和紧固接头时，应从安装好的一端或刚性端向自由端进行。高强螺栓的初拧和终拧，都要按照紧固顺序进行，从螺栓群中央开始，依次由里向外、由中间向两边对称进行，逐个拧紧

5.1.4 钢结构焊接

5.1.4.1 施工工艺流程

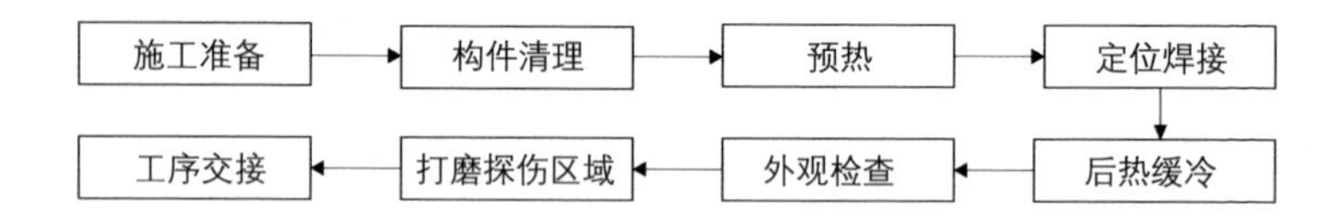

5.1.4.2 施工工艺标准图

序号	施工步骤	材料、机具准备	工艺要点	效果展示
1	施工准备	测风仪、焊缝规尺、红外测温仪、保温棉、探伤仪、电焊机	焊接作业时，需要搭设防风防雨棚。焊接作业区相对湿度不得大于90%，当焊件表面潮湿时，应采取加热除湿措施。下雨时，用不干胶带粘贴防风棚漏水处，不得有雨漏入防风棚内	
2	构件清理		对坡口用钢丝刷清理除锈；以烘枪对坡口进行烘干，量规对坡口尺寸进行检查	
3	焊前预热		采用加热器对坡口上下各150mm范围进行预热，用红外线测温仪进行过程监控	
4	定位焊接		定位焊由持焊工合格证的工人施焊，焊接材料与正式焊接材料相同，发现缺陷时必须及时打磨清理	
5	后热缓冷		后热温度180℃用保温岩棉覆盖住焊缝区域，保温时间不少于1h，达到保温时间后必须缓冷至常温	
6	超声波探伤		冷至常温24h后，进行超声波检测，检验标准必须符合相关规范规定的检验等级	

5.1.4.3 控制措施

序号	预控项目	产生原因	预控措施
1	热裂纹	焊接前钢构件未清理干净，导致焊缝冷却过程中钢材与焊材中杂质较多，最后凝固形成低熔点共晶物，极易开裂	构件进场后由项目验收工段根据深化设计图、相关规定对焊缝坡口形状和尺寸进行检查。验收工段检查项目：坡口尺寸、角度、坡口表面平整度、焊缝表面的清洁情况，并填写坡口检查记录表
2	冷裂纹	焊接接头存在淬硬组织，性能脆化。扩散氢含量较高，使接头性能脆化，并聚集在焊接缺陷处形成大量氢分子，造成非常大的局部压力	准确的预热温度、层间温度、后热温度是防止裂纹产生的关键，特别是厚板高强钢的焊接尤为重要，这是因为其直接影响和控制高强钢裂纹产生三要素，即扩散氢含量、硬淬倾向和拘束应力
3	气孔	指焊接时，熔池中的气体未在金属凝固前逸出，残存于焊缝之中所形成的空穴。其气体可能是熔池从外界吸收的，也可能是焊接过程中反应生成的	控制焊丝长度在 15 ~ 20mm，焊丝过短会造成导电嘴前端氧气化金属溅堆过快，过长会使电弧电压降低,焊前检查及清理导电嘴。所使用的焊接材料需有质量合格证书，并在施工现场设置专门的焊材储存场所，分类保管，焊条使用前须进行烘干处理
4	未融合、未焊透	焊接电流太小、焊接速度过快、坡口角度间隙太小、坡口及焊道表面不够清洁或有氧化皮、焊工操作技术不佳等	选择合适的焊条角度，打底焊时应适度控制焊接速度，使电弧充分熔化焊缝根部。仔细清理坡口焊缝上的油污杂质。在焊接过程中，当发现焊条偏心引起电弧偏转时，应及时调整焊条角度

5.1.5 高强螺栓安装

5.1.5.1 施工工艺流程

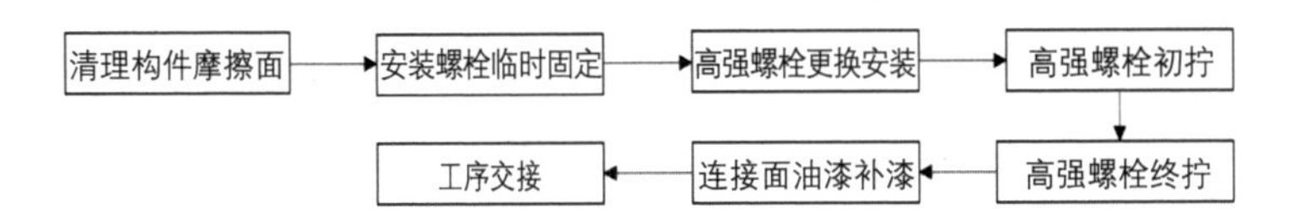

5.1.5.2 施工工艺标准图

序号	施工步骤	材料、机具准备	工艺要点	效果展示
1	清理构件摩擦面	角磨机、钢丝刷、扳手、扭矩型电动扳手、扭剪型电动扳手	构件吊装前清理摩擦面，保证摩擦面无浮锈、油污	
2	钢梁吊装就位后采用安装螺栓临时固定		不得使杂物进入连接面，安装螺栓数量不得少于本节点螺栓数的 30%，且不少于 2 颗	
3	用高强螺栓更换安装螺栓并进行初拧		高强螺栓的初拧，从螺栓群中部开始安装，向四周逐个拧紧	
4	高强螺栓终拧		初拧后 24h 内完成终拧。终拧顺序同初拧，螺栓终拧以拧掉尾部为合格，同时要保证有 2 ~ 3 扣以上的余丝露在螺母外	
5	连接面油漆补涂		高强螺栓施工完成并检查合格后立即进行	

5.1.5.3 控制措施

序号	预控项目	产生原因	预控措施
1	高强螺栓储存不当	高强螺栓材料质量不合格或运输过程中造成二次损伤	高强螺栓连接副由制造厂按批配套供应，每个包装箱内都必须配套装有螺栓、螺母及垫圈，包装箱能满足储运的要求，并具备防水、密封的功能。包装箱内带有产品合格证和质量保证书；包装箱外表面注明批号、规格及数量。在运输、保管及使用过程中轻装轻卸，防止损伤螺纹，发现螺纹损伤严重或雨淋过的螺栓不得使用
2	高强螺栓螺纹损伤	现场施工时跳过临时安装螺栓，直接使用高强螺栓	高强螺栓安装前，构件将采用临时安装螺栓进行临时固定，待高强螺栓完成部分安装时，拆除临时安装螺栓，以高强螺栓代替
3	高强螺栓外露丝扣长度不符合要求	螺栓长度未根据连接件的厚度正确计算。连接板翘曲不平，焊接变形造成连接板间隙过大。高强螺栓未在正确的位置使用	高强螺栓的规格尺寸应符合设计要求，其长度和位置应派专业的质检员按照连接件的厚度进行核对检查，并形成检验报告

5.1.6 栓钉连接

5.1.6.1 施工工艺流程

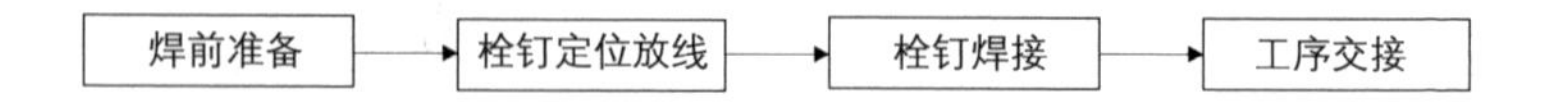

5.1.6.2 施工工艺标准图

序号	施工步骤	材料、机具准备	工艺要点	效果展示
1	焊前准备	栓钉焊机、焊枪、角磨机、去氧弧耐热陶瓷座圈	用角磨机将构件施焊部位打磨清理干净。同时保证栓钉表面无锈、无油污等杂质	
2	栓钉定位放线		安装前先放线，定出栓钉的准确位置，并对该点进行除锈、除漆、除油污处理，以露出金属光泽为准，并使施焊点局部平整	
3	栓钉焊接		将保护瓷环摆放就位，瓷环要保持干燥。焊后清除瓷环，以便检查。施焊人员平稳握枪，并使枪与母材工作面垂直，焊后根部焊脚应均匀，以保证其强度达到要求	

5.1.6.3 控制措施

序号	预控项目	产生原因	预控措施
1	栓钉焊接咬边不均匀，偏弧	栓钉或钢构件表面存在杂质	用角磨机将构件施焊部位打磨清理干净。按设计位置和间距用钢板尺和划针定位焊接位置。焊接时将焊钉放在焊枪的夹持装置中，把焊钉插入置于母材上的瓷环内与母材一次成型施焊。焊缝冷却后清除瓷环

续表

序号	预控项目	产生原因	预控措施
2	栓钉焊缝处缩颈，焊后栓钉长度过长	未按要求控制位置	栓钉长度不应小于栓钉直径的4倍；沿钢梁轴线方向布置的栓钉间距不应小于6*d*；而垂直轴线布置的栓钉间距不应小于4*d*；栓钉焊接成型焊肉周围360° 根部高度*h*大于等于1mm，宽度*b*大于等于0.5mm

5.1.7 钢结构涂装施工

5.1.7.1 施工工艺流程

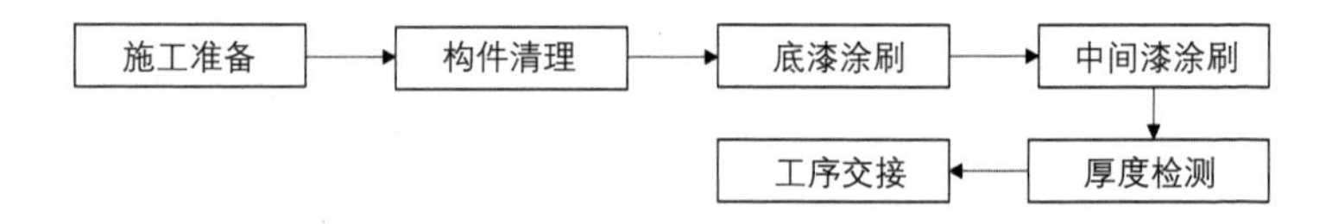

5.1.7.2 施工工艺标准图

序号	施工步骤	材料、机具准备	工艺要点	效果展示
1	构件清理	钢丝刷、磨光机、毛刷、测厚仪	用电动钢丝刷或磨光机进行除锈处理，表面处理质量应达到Sa2.5级，除锈后将钢材表面灰尘除尽	
2	底漆涂刷		调合专用修补漆，控制油漆的黏度、稠度、稀度，兑制时应采用手电钻充分搅拌，使油漆色泽、黏度均匀一致。当天调	

续表

序号	施工步骤	材料、机具准备	工艺要点	效果展示
2	底漆涂刷	钢丝刷、磨光机、毛刷、测厚仪	配的油漆应在当天用完。使用毛刷涂刷第一道底漆。刷第一层底漆时涂刷方向应该一致，接槎整齐	
3	中间漆涂刷		待底漆干燥后，涂刷第二道中间漆	
4	厚度检测		涂装结束后，及时用测厚仪对构件涂层进行检测，并对已喷涂过的构件进行保护	

5.1.7.3 控制措施

序号	预控项目	产生原因	预控措施
1	流挂	溶剂挥发缓慢，涂料过厚，涂刷角度、方向错误，气温过低	溶剂选配适当，对常规涂料一次涂布的厚度控制在 20 ~ 25μm 为宜。添加阻垂剂来防止流痕缺陷，有较好的效果。适当换气，气温保持在 10℃以上
2	起皱	大量使用稠油制得的涂料易发生起皱现象。涂料中催干剂使用上比例失调，钴催干剂过多	严格控制涂层厚薄。调整催干剂的比例，补加其余催干剂

续表

序号	预控项目	产生原因	预控措施
3	起泡	被涂面有油、汗、指纹、盐碱、打磨灰等亲水物质残存。构件表面潮湿，急于涂刷施工，涂漆后水分向外扩散，顶起漆膜	涂刷施工前对构件表面进行清理，保证构件表面干净、无杂质

5.1.8 技术交底

5.1.8.1 施工准备

1. 材料准备

（1）地脚螺栓：预埋螺栓运输时要轻装轻放，防止变形。进场后按同型号规格堆放并注意保护。预埋螺栓验收应符合设计及规范要求，验收合格后用塑料胶纸包好螺纹，防止损伤或生锈。

（2）钢结构主材和辅材采购的数量和品种应和订货合同相符，钢材的出厂质量证明书记录必须和钢材打印的记号一致。

（3）钢构件存放场地应平整、坚实，无积水。钢构件应按种类、型号、安装顺序分区存放。底层垫枕应有足够支承面。

（4）钢构件进场验收内容主要包括构件出厂资料、焊缝质量、构件外观尺寸的验收和交接，质量控制重点在钢结构制作厂。经检查，缺陷超出允许偏差范围的构件，在现场进行修补，满足要求后方可验收，对于现场无法进行修补的构件须送回工厂进行返修。

2. 主要机具

在钢结构施工中，需要准备的常用主要机具有：塔式起重机、汽车式起重机、交直流电焊机、CO_2气体保护焊机、空压机、碳弧气刨、砂轮机、电热干燥箱、等离子切割机、栓钉熔焊机、超声波探伤仪、焊缝检查量规、大六角头、扭剪型高强螺栓扳手、高强螺栓初拧电动扳手、栓钉机、千斤顶、捯链、钢丝绳、索具、经纬仪、水准仪和全站仪等。

3. 作业条件

（1）钢结构施工用机械设备及材料根据施工进度编制专门的进场计划，采用动态管理，分批进场。

（2）运输路线规划包括两方面：一方面要规划好制作厂运送构件时的运输路线，防止司机对陌生道路不熟悉而对运输产生不利影响，保证钢构件能及时运送到施工现场。另一方面，进场后勘察施工现场实际情况，规划出钢构件进场以后运送至堆场的行走路线，方便构件及时卸车。

（3）测量基准点交接与测放见下表。

序号	具体要求
1	与土建单位交接轴线控制点和标高基准点，测放预埋定位轴线和定位标高
2	监理钢结构测量控制网：根据土建单位移交的测量控制点，在工程施工前引测控制点，布设钢结构测量控制网，将各控制点做成永久性的坐标桩和水平基准点桩，并采取保护措施，以防破坏
3	复核前期钢管柱安装的测量坐标，找到前期施工偏差，选择合理的结构控制坐标
4	根据业主单位提供的基准点，测放钢结构基准线和轴线的标高控制点

（4）钢结构进场作业前，需要确认总包提供的吊装道路其强度要能够满足汽车式起重机行走的要求，同时提前确认施工用水用电

是否到位。根据施工方案对钢结构堆场、车辆行走道路进行实地勘察，并根据现场实际情况进行场地的平整和道路的加固。

（5）对于需要租赁的设备，需预先联系好租赁商家，确保货源；对于自有设备，需预先统计好能调配的资源量，确保数量能够满足本工程的安装需求。

（6）进行施工作业前，报审仪器检测、特种工程上岗证及相关材料。开始安装之前，应将各部位的构件摆放到位，且构件不应摆放在起重机行走路线上，以免耽误施工。

5.1.8.2 操作工艺

1. 地脚螺栓安装

1）工艺流程

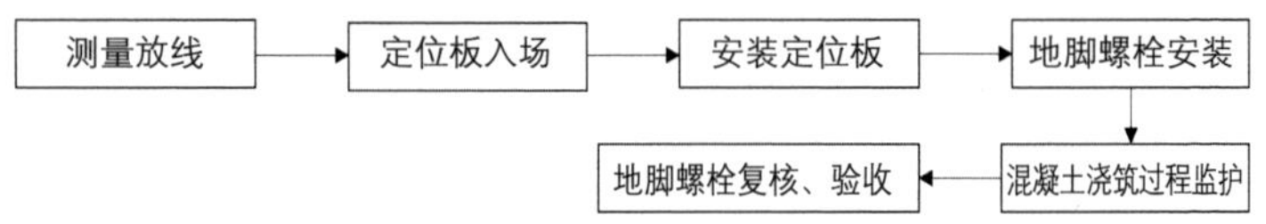

2）工艺要点

（1）测量放线

在绑扎完毕的基础面筋上测设出对应螺栓组十字中心线的标志，并在螺栓组对应定位钢板上定位出螺栓组十字中心线。

（2）安装定位钢板

定位钢板置于基础面筋上，使定位钢板的十字丝与面筋上的十字丝标志对齐，找正找平，初步固定。

（3）安装地脚螺栓

将地脚螺栓插入定位钢板螺栓孔内，将螺杆上部用螺母初步固定，并找正复核，把螺栓顶部全部调整到设计要求标高。

（4）浇筑保护

待中心轴线与标高校验合格后，用钢筋把底部主筋和定位钢板焊接牢固，并在螺栓螺纹部分涂上黄油，包上油纸，并加套管保护。

2. 钢柱安装

1）工艺流程

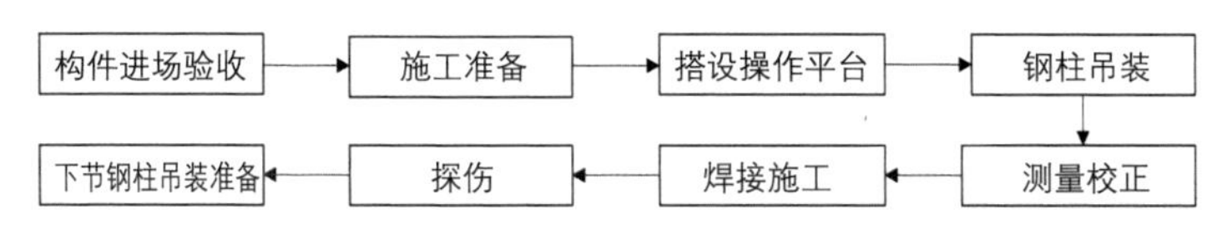

2）工艺要点

（1）钢爬梯及操作平台搭设

钢柱吊装前在钢柱一侧设置钢爬梯，作为施工人员到达柱顶操作平台的垂直通道，在钢柱连接板下端孔上设置圆钢管，钢爬梯挂设在圆钢管上，便于设置。

（2）钢柱吊装

检查钢柱连接口，清理连接口上焊渣、泥土等污迹，钢柱起吊前在地面设置钢爬梯、防坠器等，为钢柱吊装作准备。钢柱吊装前在钢柱上设置溜绳，钢柱吊装至就位位置附近，通过拉设溜绳，防止钢柱与顶模系统、已安装钢柱发生碰撞。

（3）钢柱连接

钢柱采用四点吊装，临时连接采用双夹板进行。

（4）钢构件校正

钢柱、钢节点校正需采用钢柱错位调节措施进行，主要工具包括调节固定托架和千斤顶、捯链。

3. 钢梁安装

1）工艺流程

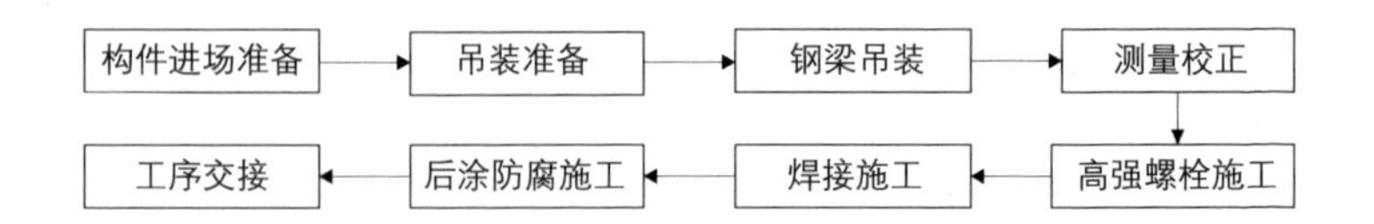

2）工艺要点

（1）吊装准备

钢梁吊装前，应清理钢梁表面污物，对产生浮锈的连接板和摩擦面进行除锈。

（2）钢梁吊装

对于大跨钢梁及钢柱间主梁吊装可采用焊接吊耳的方法进行，对于长度较短钢梁采用预留吊装孔进行“串吊”。钢梁在工厂加工时应预留吊装孔或设置吊耳作为吊点。

（3）高强螺栓施工

待吊装的钢梁应配备好附带的连接板及安装螺栓，安装螺栓用工具包系好。吊装时应用螺栓进行临时固定，不得将高强螺栓直接穿入。

（4）防腐涂料施工

钢构件安装过程中，随外框各楼层结构逐步施工完成，以楼层为单位划分施工区域，从下至上依次交叉进行现场防腐涂装施工；每个施工区域在立面从上至下逐层涂装，在平面按顺时针方向进行涂装。

4. 钢结构焊接

1）工艺流程

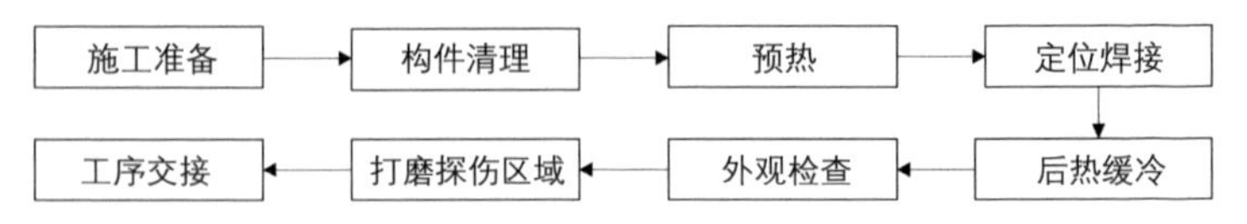

2）工艺要点

（1）施工准备

焊接作业时，需要搭设防风防雨棚。焊接作业区相对湿度不得大于 90%，当焊件表面潮湿时，应采取加热除湿措施。下雨时，用不干胶带粘贴防风棚漏水处，不得有雨漏入防风棚内。

（2）构件清理

对坡口用钢丝刷清理除锈；用烘枪对坡口进行烘干，用量规对坡口尺寸进行检查。

（3）焊前预热

采用加热器对坡口上下各 150mm 范围进行预热，用红外线测温仪进行过程监控。

（4）定位焊接

定位焊由持焊工合格证的工人施焊，焊接材料与正式焊接材料相同，发现缺陷时必须及时打磨清理。

（5）后热缓冷

后热温度 180℃，用保温岩棉覆盖住焊缝区域，保温时间不少于 1h，达到保温时间后必须缓冷至常温。

（6）超声波探伤

冷至常温 24h 后，进行超声波检测，检验标准必须符合相关规范规定的检验等级。

5. 高强螺栓安装

1）工艺流程

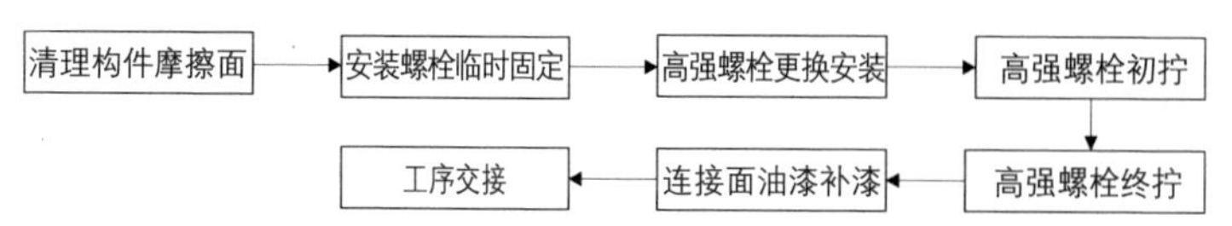

2）工艺要点

（1）清理构件摩擦面

构件吊装前清理摩擦面，保证摩擦面无浮锈、油污。

（2）钢梁吊装就位后采用安装螺栓临时固定

不得使杂物进入连接面，安装螺栓数量不得少于本节点螺栓数的 30%，且不少于 2 个。

（3）用高强螺栓更换安装螺栓并进行初拧

高强螺栓的初拧，从螺栓群中部开始安装，向四周逐个拧紧。

（4）高强螺栓终拧

初拧后 24h 内完成终拧。终拧顺序同初拧，螺栓终拧以拧掉尾部为合格，同时要保证有 2 ~ 3 扣以上的余丝露在螺母外。

（5）连接面油漆补涂

高强螺栓施工完成并检查合格后立即进行。

6. 栓钉连接

1）工艺流程

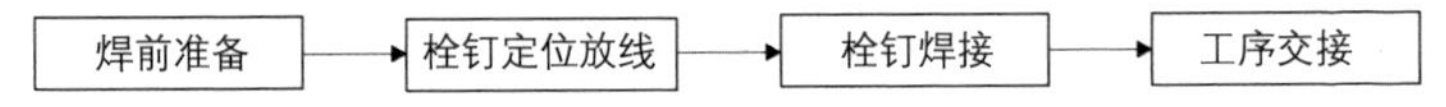

2）工艺要点

（1）焊前准备

用角磨机将构件施焊部位打磨清理干净。同时，保证栓钉表面无锈、无油污等杂质。

（2）栓钉定位放线

安装前先放线，定出栓钉的准确位置，并对该点进行除锈、除漆、除油污处理，以露出金属光泽为准，并使施焊点局部平整。

（3）栓钉焊接

将保护瓷环摆放就位，瓷环要保持干燥。焊后要清除瓷环，以便于检查。施焊人员平稳握枪，并使枪与母材工作面垂直，焊后根部焊脚应均匀，以保证其强度要达到要求。

7. 钢结构涂装施工

1）工艺流程

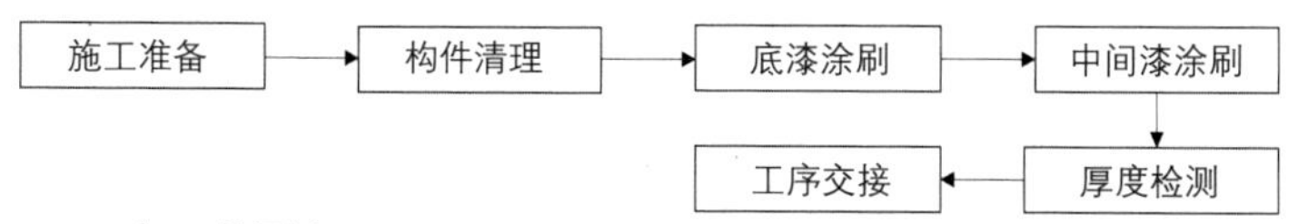

2）工艺要点

（1）构件清理

用电动钢丝刷或磨光机进行除锈处理，表面处理质量应达到Sa2.5级，除锈后将钢材表面灰尘除尽。

（2）底漆涂刷

调合专用修补漆，控制油漆的黏度、稠度、稀度，兑制时应采用手电钻充分搅拌，使油漆色泽、黏度均匀一致。当天调配的油漆应在当天用完。使用毛刷涂刷第一道底漆。刷第一层底漆时涂刷方向应该一致，接槎整齐。

（3）中间漆涂刷

待底漆干燥后，涂刷第二道中间漆。

（4）厚度检测

涂装结束后，及时用测厚仪对构件涂层进行检测，并对已喷涂过的构件进行保护。

5.1.8.3 质量标准

（1）地脚螺栓（锚栓）尺寸的允许偏差应符合下表的规定。地脚螺栓（锚栓）的螺纹应受到保护。

检查数量：按柱基数抽查 10%，且不应少于 3 处。

检验方法：用钢尺现场实测。

项目	允许偏差（mm）
螺栓（锚栓）露出长度	+30 0
螺纹长度	+30 0

（2）钢主梁、次梁及受压杆件的垂直度和侧向弯曲矢高的允许偏差应符合下表中有关钢屋（托）架允许偏差的规定。

检查数量：按同类构件数抽查 10%，且不应少于 3 个。

检验方法：用吊线、拉线、经纬仪和钢尺现场实测。

项目	允许偏差（mm）		图例
跨中的垂直度	$h/250$，且不应大于 15		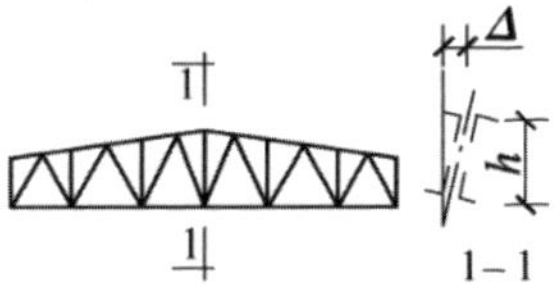
侧向弯曲矢高 f	$l \leqslant 30\text{m}$	$l/1000$，且不应大于 10	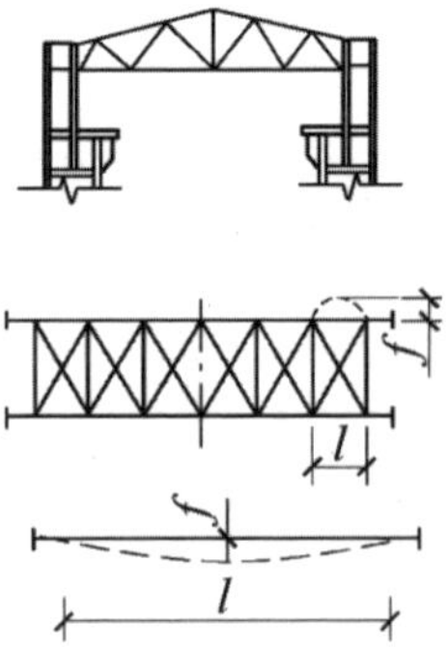
	$30\text{m} < l \leqslant 60\text{m}$	$l/1000$，且不应大于 30	
	$l > 60\text{m}$	$l/1000$，且不应大于 50	

（3）建筑物的定位轴线、基础上柱的定位轴线和标高、地脚螺栓（锚栓）的规格和位置、地脚螺栓（锚栓）紧固应符合设计要求。当设计无要求时，应符合下表的规定。

检查数量：按柱基数抽查 10%，且不应少于 3 个。

检验方法：采用经纬仪、水准仪、全站仪和钢尺实测。

项目	允许偏差（mm）	图例
建筑物定位轴线	l/20000，且不应大于 3	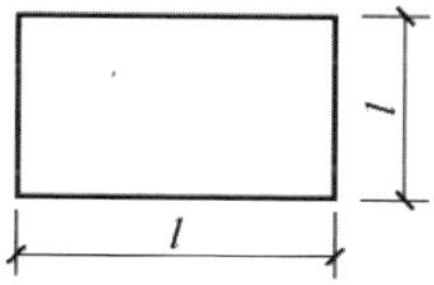 l l
基础上柱的定位轴线	1	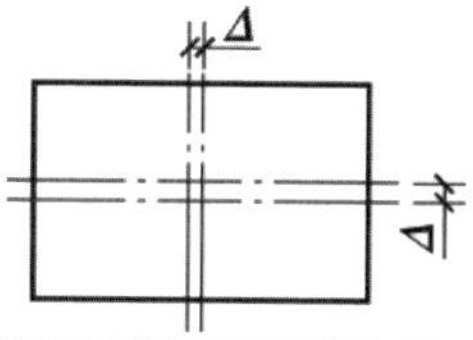 Δ Δ
基础上柱底标高	± 2	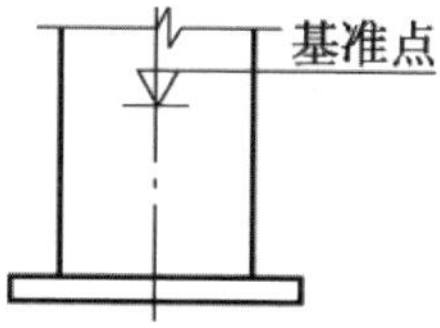 基准点
地脚螺栓（锚栓）偏移	2	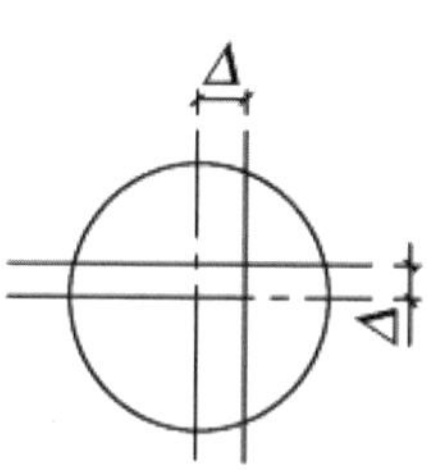 Δ Δ

（4）柱子安装的允许偏差应符合下表的规定。

检查数量：标准柱全部检查；非标准柱抽查 10%，且不应少于 3 根。

检验方法：用全站仪或激光经纬仪和钢尺实测。

项目	允许偏差（mm）	图例
柱脚底座中心线对定位轴线偏移	5	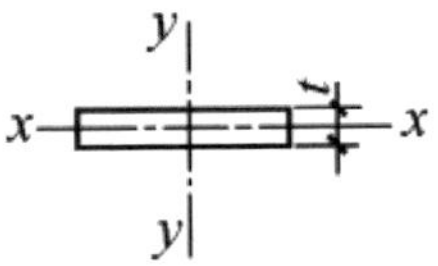 y y x x
柱子定位轴线	1	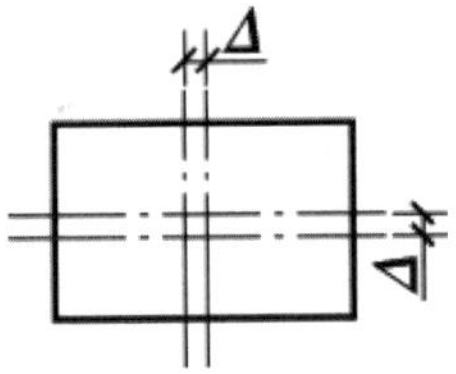 Δ Δ
单节柱的垂直度	H/1000，且不应大于 10	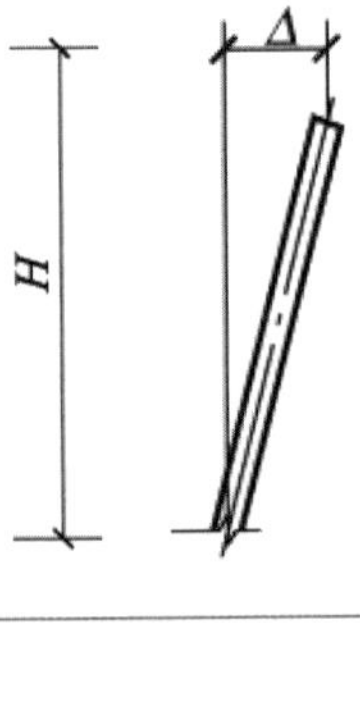 H Δ

（5）多层及高层钢结构主体结构的整体垂直度和整体平面弯曲的允许偏差应符合下表的规定。

检查数量：对主要立面全部检查。对每个所检查的立面，除两列角柱外，尚应至少选取一列中间柱。

检验方法：对于整体垂直度，可采用激光经纬仪、全站仪测量，也可根据各节柱的垂直度允许偏差累计（代数和）计算。对于整体平面弯曲，可按产生的允许偏差累计（代数和）计算。

项目	允许偏差（mm）	图例
主体结构的整体垂直度	H/2500+10，且不应大于 50	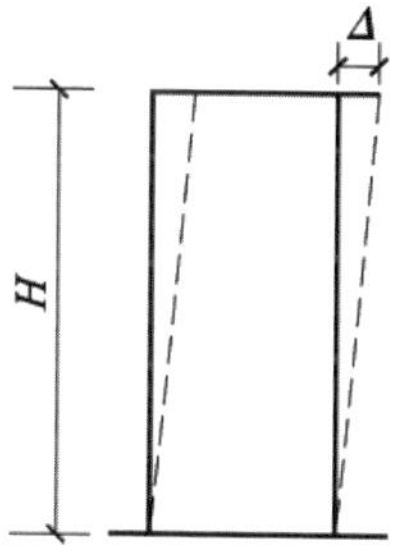 Δ H
主体结构的整体平面弯曲	l/1500，且不应大于 25	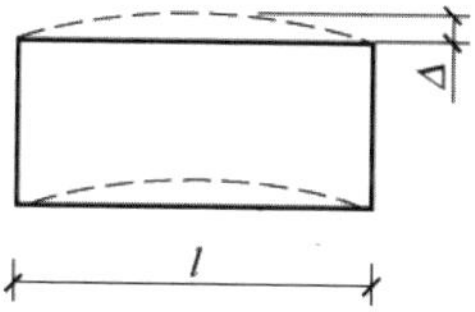 Δ l

（6）现有验收规范不能覆盖相关工程时，应在施工前由建设、设计、监理、施工等有关单位共同讨论制定相应的验收规范作为施工验收依据。

5.1.8.4 成品保护措施

（1）钢结构的加工面（不包括摩擦面）、轴孔和螺纹，均应涂以润滑油脂和贴上油纸，或用塑料薄膜包裹。螺栓孔应用木楔塞住。

（2）钢结构有孔的板状吊件，可穿长螺栓或用钢丝打捆；较小零件应涂底漆并捆装，用木枋垫起，以防锈蚀、散落和变形。

（3）经检验合格后的钢构件，应按种类、型号、出厂顺序分区存放，钢构件存放场地应平整、坚实、无积水，钢构件底层垫木应有足够的支承面，并应防止支点下沉。相同型号钢构件叠放时，各层钢构件的支点应在同一垂直线上，防止钢构件被压坏和变形。

（4）钢构件上不得焊接与设计无关的零件、吊环、卡具等；绑扎吊运时，在吊绳部位应用木板、麻袋或轮胎保护。

（5）构件包装运输应在涂层干燥后进行，包装应保护构件涂层不受损伤，保证构件、零件不变形、不损坏、不丢失。

（6）钢柱宜侧立放置以防止侧向刚度差而产生下挠或扭曲，钢屋架应立放，支撑处应设垫木，多根屋架排放应绑扎在一起或在侧向设置支撑以防倾倒变形。

（7）钢构件上高强螺栓连接的摩擦面、构件上刷防锈漆未干时以及雨天时应适当护盖防锈，吊运、堆放时应防止底漆和编号损坏。

（8）外露铣平面，加工完后应用胶带或油脂加以防护，防止生锈，安装时应清除此保护层。

（9）钢柱绑扎吊点处柱子的凸出部位如翼缘板等，需用硬木支撑，以防变形。棱角处必须用厚胶皮、短方木或用厚壁钢管做的保护件将吊索与构件棱角隔开，以免损坏棱角。

（10）柱脚在地面以下的部分应采用强度等级较低的混凝土包裹（保护层厚度不应小于 50mm），并应使包裹的混凝土高出地面不小于 150mm。当柱脚底面在地面以上时，柱脚底面应高出地面不小于 100mm。

5.1.8.5 安全、环保措施

1. 消防安全措施

（1）钢结构施工前，应建立消防安全管理制度。

（2）现场施工作业用火应按照动火等级经相关部门批准。

（3）施工现场的消防安全措施、设备、设施等必须符合现行国家标准《建设工程施工现场消防安全技术规范》GB 50720 的相关规定。

（4）施工现场应设置安全消防设施及安全疏散设施，并应按消防安全管理制度规定进行防火巡查。

（5）高空焊接作业和气体切割时，应清除作业影响区危险易燃物品，并应采用接火斗、接火盆等措施，严格控制焊割熔渣、高温残余物等自由飘落，尽可能采取防止或减少火星飞溅的措施。同时，在焊接（切割）位置下部受影响区域拉设警示区域并派专人监护，警示区域内禁止人员随意通行。

（6）现场油漆涂装和防火涂料施工时，应按产品说明书的要求进行产品存放和防火保护。涂装现场不允许堆放易燃物品且应远离易燃物品仓库，严禁烟火。涂装现场应配备消防水源和足够消防器具，有明显的防火宣传标志。涂装施工使用的设备和电气导体应接地良好，防止静电积聚。禁止用铁棒等金属物品敲击金属物体和漆桶。

2. 环境保护措施

（1）施工期间应控制噪声、强光、粉尘等污染源，合理安排施工时间，减少对周边环境的影响。

（2）施工区域应保持清洁，严格落实“工完场清”制度。

（3）夜间施工应提前进行申报，应按政府相关部门的要求进行施工。

（4）夜间施工灯光应向场内照射；焊接电弧应采取防护措施。

（5）现场油漆涂装和防火涂料施工时，应采取防污染措施。

（6）钢结构安装现场的废料和余料应妥善分类收集，并应统一处理和回收利用，不得随意搁置、堆放。

（7）打磨、除锈操作人员，应检查喷枪、喷嘴、风管及有关机具完好无损；除锈时要佩戴防护、防尘面罩及其他保护用品。

（8）在涂装车间采用喷涂施工时，涂装车间应设有排风装置，排出被污染的空气前应过滤，排气风管应超过屋顶 1m 以上；吸入新鲜空气点和排废气点之间水平距离不应小于 10m。

（9）当眼睛接触涂料时，应立即用大量清水清洗并尽快送医院；当皮肤接触涂料时，应用肥皂水或适当的清洁剂彻底清洗。

（10）对于毒性大、有害物质含量高的涂料，应禁止采用喷涂法施工。

（11）擦过溶剂和涂料的棉纱、旧布等应存放在带盖的铁桶内并定期按规定处理掉，严禁向排水管道倒溶剂和涂料。

（12）钢结构施工宜使用定型化、标准化的防护和支撑措施增加周转、降低损耗。

5.2 钢管混凝土施工

5.2.1 高抛自密实钢管混凝土施工

5.2.1.1 施工工艺流程

测量放线 → 钢管柱吊装 → 临时固定 → 钢管柱焊接 → 钢管混凝土浇筑

5.2.1.2 施工工艺标准图

序号	施工步骤	材料、机具准备	工艺要点	效果展示
1	测量放线	钢丝绳、塔式起重机、钢管、汽车式起重机、泵车、电焊机、缆风绳	工程开工前，根据轴线及钢管混凝土布置情况，在场地内建立测量控制网，然后依据控制网测放各点位。放线完成报监理工程师复验，符合要求后进行下道工序施工	
2	钢管柱吊装		钢管柱吊装前首先检查轴线标示和标高线是否清楚、准确。钢管柱吊装采用一点吊装，吊耳采用柱上端连接板上的吊孔	
3	临时固定		钢管柱吊装就位后，将上柱柱底四面中心线与下柱柱顶中心线对位，通过上下柱头上的临时耳板和连接板，用安装螺栓进行临时固定，充分紧固后才能上柱顶摘钩。钢管焊接完成后，方可摘除耳板	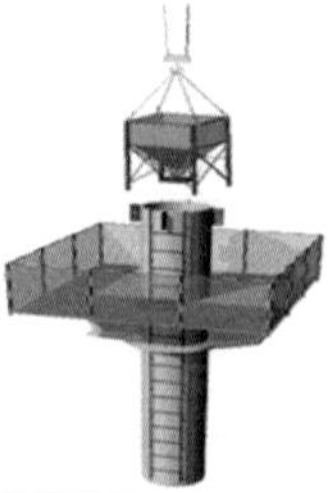

续表

序号	施工步骤	材料、机具准备	工艺要点	效果展示
4	钢管柱焊接	钢丝绳、塔式起重机、钢管、汽车式起重机、泵车、电焊机、缆风绳	钢管柱焊接应由两名焊工在相对称位置以相等速度施焊。以逆时针方向在距角柱 50mm 处起焊。焊完一层后，第二层以及以后各层均在离前一层起焊点 30 ~ 50mm 处起焊	
5	钢管混凝土浇筑		钢管内混凝土浇筑采用的高抛法，浇筑应连续，间断时间不得超过 90min，以防产生冷缝。钢管内混凝土浇筑高度应严格控制，有钢管对接焊口的部位，口部离混凝土施工完成面的距离不得小于 500mm、不得大于 1000mm，尤其要控制最后的浇筑速度，坚决防止超浇	

5.2.1.3 控制措施

序号	预控项目	产生原因	预控措施
1	混凝土柱存在蜂窝、麻面	未振捣充分	泵管出料口需伸入钢管内，利用混凝土下落产生的动能来达到混凝土的自密实，当混凝土浇筑高度距管口 4m 左右时，采用普通振动棒辅助振捣。振动棒垂直插入混凝土内，辅助振捣时间控制在 10s 内，以防混凝土出现离析
2	冷缝	浇筑不连续	采用高抛法浇筑钢管混凝土，应严格控制高度，保证混凝土下落高度不得超过 9m，且浇筑应保证连续，间断时间不得超过 90min

5.2.1.4 技术交底

1. 施工准备

1）材料准备

（1）混凝土：《钢管混凝土结构技术规范》GB 50936—2014规定钢管混凝土宜采用自密实混凝土。自密实混凝土是具有高流动性、均匀性和稳定性，浇筑时无须外力振捣就可以达到密实，并能够在自重作用下流动且充填所有空隙的混凝土。

（2）自密实混凝土要经过精密的试验和配合设计，具有浆料多、水灰比小、骨料体积占比小、最大粒径小的特性，除满足一般混凝土的凝结时间、黏聚性和保水性的要求外，还有较强的填充性、间隙通过性和抗离析性，可以有效填充钢管节点中的空隙。采用自密实混凝土是保证钢管混凝土施工质量的重要措施，而且无须振捣，施工简便。

（3）圆钢管采用焊接圆钢管、热轧无缝钢管，不宜采用螺旋焊管。矩形钢管可采用焊接钢管，也可以采用冷成型矩形钢管。直接承受动荷载或低温环境下的外露结构，不宜采用冷弯矩形钢管。

2）主要机具

钢管混凝土施工所涉及的主要机具有汽车式起重机、塔式起重机、混凝土罐车、混凝土料斗、泵送导管、电焊机等。

3）作业条件

（1）钢管架、模板、钢筋等工序施工验收通过后，方可进行混凝土浇筑。

（2）钢管构件在钢构加工厂加工，加工制作验收合格出厂，现场验收检查出厂验收记录。钢管构件应分批、配套进场，检查配套数量。此外，按照设计要求，将钢管构件上的栓钉，钢板翅片，加劲肋板，管壁开孔尺寸、规格、数量等作为进场验收重要内容。

（3）钢管柱往往高于混凝土施工作业面（一层左右），需按照模拟柱搭设临时操作架，保证混凝土浇筑时至少有 2 名人员可在作业平台上指导或作业。

（4）钢管柱安装验收，包括钢管柱尺寸、排气孔、柱脚锚固及灌浆、柱子施工稳定性、柱内是否有残留物或垃圾等内容。

（5）钢管混凝土浇筑前，首先应对自密实混凝土的各项设计指标进行检测，如 T_{500}（3~5s）、扩展度（600~750mm）、V_{1min}（4~25s）、V_{5min}（小于 V_{1min}+3s）、U 形箱填充高度差（0~30mm）等，试验员对照混凝土配合比报告负责检测并记录，每车必查，并按照规定留取试块。

2. 操作工艺

1）工艺流程

2）操作要点

（1）为保证浇筑质量和施工安全，在钢管上口处搭设工具式操作平台。管口处设置浇筑漏斗，浇筑高度超过 9m 时，漏斗下设置导管，导管长度根据浇筑高度确定，保证混凝土下落高度不超过 9m。

（2）浇筑流程：

操作人员和设备准备→柱混凝土浇筑至下隔板上方→隔板处辅助振捣→柱混凝土浇筑至上隔板上方→隔板处辅助振捣→重复以上步骤直至浇筑完成。

（3）浇筑时管内不得有杂物和积水，先浇筑一层 100 ~ 200mm 厚与混凝土强度等级相同的水泥砂浆，以防止自由下落的混凝土粗骨料产生弹跳。泵管出料口需伸入钢管内，利用混凝土下落产生的动能来达到混凝土的自密实。每段钢管柱的混凝土，只浇筑到离钢管顶端 500mm 处，以防焊接高温影响混凝土的质量。

（4）应将泵管口直接对准加劲环中心，使混凝土直接落入柱底，以防混凝土从泵管喷出后，撞击钢管壁，导致出现砂石分离现象。同时，防止混凝土扩散后堵塞上层加劲板上排气口，造成加劲环下出现空隙。

（5）当混凝土浇筑至加劲环处时，应控制浇筑速度，以便使加劲环下空气排出，防止加劲环下出现空隙。

（6）当混凝土浇筑高度距管口 4m 左右时，采用普通振动棒辅助振捣。振动棒垂直插入混凝土内，辅助振捣时间控制在 10s 内，以防混凝土出现离析。

（7）每次浇筑高度距孔口 400 ~ 500mm，每节钢管柱浇筑完，应清除上面的浮浆，待混凝土初凝后灌水养护，用塑料布将管口封住，并防止异物掉入。

3. 质量标准

1）钢管构件进场标准

（1）钢管构件进场应进行验收，其加工制作质量应符合设计要求和合同约定。

（2）钢管构件进场应按安装工序配套核查构件、配件的数量。

（3）钢管构件上的钢板翅片、加劲肋板、栓钉及管壁开孔的规格和数量应符合设计要求。

（4）钢管构件不应有运输、堆放造成的变形、脱漆等现象。

（5）钢管构件进场应抽查构件的尺寸偏差，其允许偏差应符合下表的规定。

检查数量：同批构件抽查 10%，且不少于 3 件。

检验方法：见下表。

<table>
<tr><th colspan="2">项目</th><th>允许偏差（mm）</th><th>检验方法</th></tr>
<tr><td colspan="2">直径 D</td><td>D/500 且不应大于 ±5</td><td rowspan="3">尺量检查</td></tr>
<tr><td colspan="2">构件长度 L</td><td>±3</td></tr>
<tr><td colspan="2">管口圆度</td><td>D/500 且不应大于 5</td></tr>
<tr><td colspan="2">弯曲矢高</td><td>D/500 且不应大于 5</td><td>拉线、吊线和尺量检查</td></tr>
<tr><td rowspan="4">钢筋贯穿管柱孔（d 为钢筋直径）</td><td>孔径偏差范围</td><td>中间 1.2d ~ 1.5d
外侧 1.5d ~ 2d
长圆孔宽 1.2d ~ 1.5d</td><td rowspan="4">尺量检查</td></tr>
<tr><td>轴线偏差</td><td>1.5d</td></tr>
<tr><td rowspan="2">孔距</td><td>任意两孔距离 ±1.5</td></tr>
<tr><td>两端孔距离 ±2</td></tr>
</table>

2）钢管混凝土柱脚锚固

（1）埋入式钢管混凝土柱柱脚的构造、埋置深度和混凝土强度应符合设计要求。

（2）端承式钢管混凝土柱柱脚的构造及连接锚固件的品种、规格、数量、位置应符合设计要求。柱脚螺栓连接与焊接的质量应符合设计要求和《钢结构工程施工质量验收标准》GB 50205—2020 的有关规定。

（3）埋入式钢管混凝土柱柱脚有管内锚固钢筋时，其锚固筋的长度、弯钩应符合设计要求。

（4）端承式钢管混凝土柱柱脚安装就位及锚固螺栓拧紧后，端板下应按设计要求及时进行灌浆。

（5）钢管混凝土柱柱脚安装允许偏差应符合下表的规定。

项目		允许偏差（mm）
埋入式柱脚	桩轴线位移	5
	柱标高	±5
端承式柱脚	支承面标高	±3
	支承面水平度	L/1000，且不应大于5
	地脚螺栓中心线偏移	4
	地脚螺栓之间中心距	±2
	地脚螺栓露出长度	±30
	地脚螺栓露出螺纹长度	±30

注：L 为垫板长度。

3）钢管混凝土构件安装

（1）钢管混凝土构件吊装与混凝土浇筑顺序应符合设计和专项施工方案要求。

（2）钢管混凝土构件吊装前，基座混凝土强度应符合设计要求。多层结构上节钢管混凝土构件吊装应在下节钢管内混凝土达到设计要求后进行。

（3）钢管混凝土构件吊装前，钢管混凝土构件的中心线、标高基准点等标记应齐全；吊点与临时支撑点的设置应符合设计及专项施工方案要求。

（4）钢管混凝土构件焊接与紧固件连接的质量应符合设计要求和《钢结构工程施工质量验收标准》GB 50205—2020 的有关规定。

（5）钢管混凝土构件垂直度允许偏差应符合下表的规定。

<table>
<tr><th colspan="2">项目</th><th>允许偏差（mm）</th><th>检验方法</th></tr>
<tr><td>单层</td><td>单层钢筋混凝土构件的垂直度</td><td>H/1000，且不大于 25</td><td rowspan="2">经纬仪、全站仪、检验</td></tr>
<tr><td>多层及高层</td><td>主体结构钢管混凝土构件的整体垂直度</td><td>单节柱：H/2500，且不大于 10.0
柱全高：35.0</td></tr>
</table>

注：H 为单节柱高度。

（6）钢管混凝土构件安装允许偏差应符合下表的规定。

<table>
<tr><th colspan="2">项目</th><th>允许偏差（mm）</th><th>检查方法</th></tr>
<tr><td rowspan="2">单层</td><td>柱脚底座中心线对定位轴线的偏移</td><td>5</td><td>吊线和尺量检查</td></tr>
<tr><td>单层钢管混凝土构件弯曲矢高</td><td>H/1200，且不应大于 15.0</td><td>经纬仪、全站仪检查</td></tr>
<tr><td rowspan="3">多层及高层</td><td>上下构件连接处错口</td><td>3</td><td>尺量检查</td></tr>
<tr><td>同一层构件各构件顶高度差</td><td>5</td><td>水准仪检查</td></tr>
<tr><td>主体结构钢管混凝土构件总高度差</td><td>± H/1000，且不应大于 30</td><td>水准仪和尺量检查</td></tr>
</table>

注：H 为钢柱高度。

4）钢管内混凝土浇筑

（1）钢管内混凝土的强度等级应符合设计要求。

（2）钢管内混凝土的工作性能和收缩性应符合设计要求和国家现行有关标准的规定。

（3）钢管内混凝土运输、浇筑及间歇的全部时间不应超过混凝土的初凝时间，同一施工段钢管内混凝土应连续浇筑。当需要留置施工缝时应按专项施工方案留置。

（4）钢管内混凝土浇筑应密实。

（5）钢管内混凝土施工缝的设置应符合设计要求，当设计无要求时，应在专项施工方案中作出规定，且钢管柱对焊接口的钢管应高出混凝土浇筑施工缝面 500mm 以上，以防钢管焊接时高温影响混凝土质量。施工缝处应按专项施工方案进行。

（6）钢管内的混凝土浇筑方法及浇灌孔、顶升孔、排气孔的留置应符合专项施工方案要求。

（7）钢管内混凝土浇筑前，应对钢管安装质量进行检查确认，并应清理钢管内壁污物；混凝土浇筑后应对管口进行临时封闭。

（8）钢管内混凝土浇筑后的养护方法和养护时间应符合专项施工方案要求。

（9）钢管内混凝土浇筑后，浇筑孔、顶升孔、排气孔应按设计要求封堵，表面应平整，并进行表面清理和防腐处理。

4. 成品保护措施

（1）钢管混凝土中钢构件的成品保护应符合《钢结构工程施工技术标准》ZJQ08-SGJB 205—2017 的相关规定。

（2）各构件之间应用隔板或隔木隔开，构件上下的支承垫木应在同一直线上，并加垫棱木或草袋等物使其紧密接触，用钢丝绳和花篮螺栓连成一体并拴牢于车厢上，以免构件运输时滑动变形或互碰损伤。

（3）钢管上的栓钉采取保护措施，及时围挡，防止碰撞，施工时严禁随意敲击栓钉。

（4）钢结构吊完后，严禁在柱子悬挂重物，防止柱子因受力发生变形。

（5）混凝土养护应符合现行国家标准《混凝土结构工程施工规范》GB 50666 的规定。

5. 安全、环保措施

1）安全措施

（1）施工安全措施应符合《钢结构工程施工规范》GB 50755—2012、《混凝土结构工程施工规范》GB 50666—2011以及《钢结构工程施工技术标准》ZJQ08-SGJB 205—2017的规定。

（2）起重设备行走道路应坚实、平整，停放地点应平坦；严禁超负荷吊装，操作时应避免斜吊，同时不得起吊重量不明的构件。

（3）混凝土泵车须由设备持证专人操作，严禁其他人员无证违章操作。

（4）在高处观察钢管柱顶端溢流混凝土的人员，应系好安全带，防止高空坠落。

2）环保措施

（1）钢结构焊接和连接环境保护安全措施应符合《钢结构工程施工规范》GB 50755—2012、《混凝土结构工程施工规范》GB 50666—2011以及《钢结构工程施工技术标准》ZJQ08-SGJB 205—2017的规定。

（2）混凝土结构施工环保措施应符合现行国家标准《混凝土结构工程施工规范》GB 50666的相关规定。

（3）钢管内部焊接时宜向管道内送风排除管道内的烟尘，散热降温。

5.2.2 泵送顶升钢管混凝土施工

5.2.2.1 施工工艺流程图

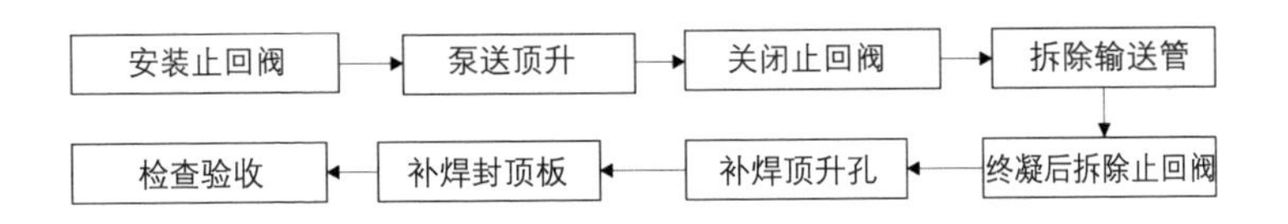

5.2.2.2 施工工艺标准图

序号	施工步骤	材料、机具准备	工艺要点	效果展示
1	安装止回阀	混凝土泵车、泵管、顶升装置、止回阀、电焊机	为了防止混凝土回流，在短钢管与输送泵之间安装止回阀。插入钢管柱间的短钢管直径与混凝土输送泵管直径相同，壁厚不小于 5mm，内端向上倾斜 45° 与钢管柱密封焊接	
2	泵送顶升		对混凝土输送泵工作的压力要求一般为 10 ~ 16MPa，在混凝土泵送顶升浇筑过程中，不可进行外部振捣，以免泵压急剧上升，甚至使浇筑被迫中断	
3	关闭止回阀		顶升完毕输送泵恒压 2 ~ 3min 后关闭止回阀，拆除水平管，利用水平管内的剩余混凝土制作 1 组试件，作判断是否初凝和终凝的依据，并制作同条件试件，及时拆除、清洗止回阀和进料短管，以备后用	

5.2.2.3 控制措施

序号	预控项目	产生原因	预控措施
1	爆管	由于顶升时混凝土泵压非常高，泵管管壁磨损、连接不牢固或支架松动等	为了保证施工的安全，每次顶升浇筑前，需要对泵管及固定支架进行检查，发现泵管壁磨损超过警戒值或支架松动等现象，必须及时进行更换
2	堵管	在钢柱顶升过程中，泵管布置长度长，不可避免会出现堵管现象	堵管时，立即停止泵送，把泵的止回阀打开，防止泵管内混凝土倒流。将顶升口处的挡板也关闭。首先检查泵管，特别在弯管处容易发生堵管现象，把堵管处的泵管拆掉，清理掉管内的混凝土。为了防止堵管现象，在浇筑混凝土前，先泵送一定数量的砂浆用来润湿泵管，泵送砂浆时，泵管先不与顶升口连接，待砂浆泵送完毕后，再把泵管与顶升口连接
3	漏浆	橡胶垫圈老化或未安装牢固等	顶升时，在泵管接头处，有时会出现漏浆现象。漏浆时，要暂停泵送，把泵管拆下重新安装，及时更换橡胶垫圈

5.2.2.4 技术交底

1. 施工准备

1）材料准备

（1）混凝土。《钢管混凝土结构技术规范》GB 50936—2014 规定钢管混凝土宜采用自密实混凝土。自密实混凝土是具有高流动性、均匀性和稳定性，浇筑时无须外力振捣就可以达到密实，并能够在自重作用下流动并充填所有空隙的混凝土。

（2）自密实混凝土要经过精密的试验和配合设计，具有浆料多、水灰比小、骨料的体积占比小、最大粒径小的特性，除满足一般混凝土的凝结时间、黏聚性和保水性的要求外，还有较强的填充性、间隙通过性和抗离析性，可以有效填充钢管节点中的空隙。采用自密实混凝土是保证钢管混凝土施工质量的重要措施，而且无须振捣，施工简便。

（3）圆钢管采用焊接圆钢管、热轧无缝钢管，不宜采用螺旋焊管。矩形钢管可采用焊接钢管，也可以采用冷成型矩形钢管。直接承受动荷载或低温环境下的外露结构，不宜采用冷弯矩形钢管。

2）主要机具

钢管混凝土施工所涉及的主要机具有汽车式起重机、塔式起重机、混凝土罐车、混凝土料斗、泵送导管、电焊机等。

3）作业条件

（1）钢管架、模板、钢筋等工序施工验收通过后，方可进行混凝土浇筑。

（2）钢管构件在钢构专业加工厂加工，加工制作验收合格出厂，现场验收检查出厂验收记录。钢管构件应分批、配套进场，检查配套数量。此外，按照设计要求，将钢管构件上的栓钉，钢板翅片，加劲肋板，管壁开孔尺寸、规格、数量等作为进场验收的重要内容。

（3）钢管柱往往高于混凝土施工作业面（一层左右），需按照模拟柱搭设临时操作架，保证混凝土浇筑时至少有 2 名人员可在作业平台上指导或作业。

（4）钢管柱安装验收，包括钢管柱尺寸、排气孔、柱脚锚固及灌浆、柱子施工稳定性、柱内是否有残留物或垃圾等内容。

（5）钢管混凝土浇筑前，首先应对自密实混凝土的各项设计指标进行检测，如 T_{500}（3~5s）、扩展度（600~750mm）、V_{1min}（4 ~ 25s）、

V_{5min}（小于 V_{1min} +3s）、U 形箱填充高度差（0~30mm）等，试验员对照混凝土配合比报告负责检测并记录，每车必查，并按照规定留取试块。

（6）顶升法进行混凝土浇筑施工中，泵管与巨柱或钢管柱连接的接口设计十分关键，关系到顶升浇筑能否顺利实施。接口设计的方便与否同样关系到泵管的拆接和浇筑时间，进而影响整个施工工期。

（7）顶升混凝土施工时采用止回阀装置，避免顶升完成后钢管内混凝土在自重压力下倒流。止回阀采用一块长方形钢板，固定于巨柱接口与泵管接口之间，钢板一侧预留与泵管直径相同的圆孔。混凝土顶升时，调节钢板使圆孔与接口和泵管的圆孔位置相对应，顶升完成后，人工将钢板敲向另一侧，使圆孔偏离接口位置，并利用钢板将钢管内的混凝土与泵管隔离，然后将钢板焊死，在混凝土达到强度后拆除。

2. 操作工艺

1）工艺流程

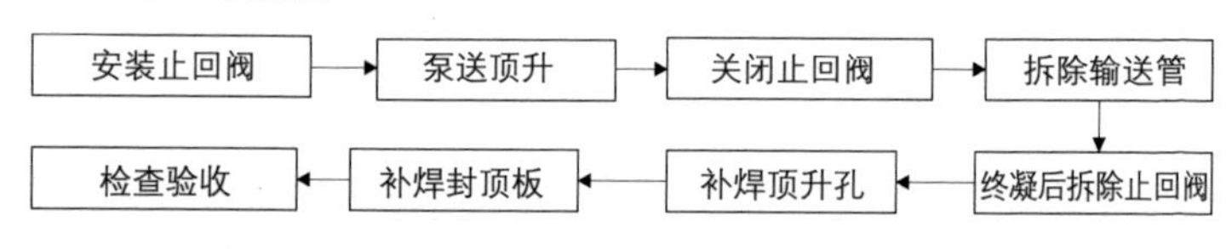

2）操作要点

（1）浇筑前，要计算好单根柱混凝土量，待所需混凝土运送到施工现场后方可进行顶升（从混凝土拌合至开始顶升的时间应控制在混凝土初凝前），防止混凝土在运输过程中耽搁造成顶升中断。

（2）坍落度是影响混凝土顶升浇筑关键的一环。实施顶升前，须检测运至现场的混凝土坍落度及坍落扩展度，要求其必须保持在规定范围内。现场设专人测试并记录。

（3）进料短管与钢柱须焊接牢固，不得漏焊和花焊，以免顶升时因为水平管颤动而脱焊，造成顶升失败。

（4）顶升过程中，要派专人记录泵压及实际顶入的混凝土量，并与理论计算混凝土量进行比较。

（5）在混凝土输送管与止回阀连接前，泵送砂浆用以润滑输送管道，并把该部分砂浆清除干净后再进行顶升混凝土的浇筑。

（6）顶升完毕输送泵恒压 2 ~ 3min 后关闭止回阀，拆除水平管，利用水平管内的剩余混凝土制作 1 组试件，作为判断是否初凝和终凝的依据，并制作同条件试件，及时拆除、清洗止回阀和进料短管，以备后用。

（7）顶升完毕后，应及时清理被从排气孔流出的水泥浆污染的钢柱表面。

（8）混凝土顶升至柱顶后，应及时停泵，并进行数次回抽，若柱顶混凝土面无明显回落，方可拆除混凝土输送管。

3. 质量标准

1）钢管构件进场标准

（1）钢管构件进场应进行验收，其加工制作质量应符合设计要求和合同约定。

（2）钢管构件进场应按安装工序配套核查构件、配件的数量。

（3）钢管构件上的钢板翅片、加劲肋板、栓钉及管壁开孔的规格和数量应符合设计要求。

（4）钢管构件不应有运输、堆放造成的变形、脱漆等现象。

（5）钢管构件进场应抽查构件的尺寸偏差，其允许偏差应符合下表的规定。

检查数量：同批构件抽查 10%，且不少于 3 件。

检验方法：见下表。

<table>
<tr><th colspan="2">项目</th><th>允许偏差（mm）</th><th>检验方法</th></tr>
<tr><td colspan="2">直径 D</td><td>D/500 且不应大于 ±5</td><td rowspan="3">用尺量检查</td></tr>
<tr><td colspan="2">构件长度 L</td><td>±3</td></tr>
<tr><td colspan="2">管口圆度</td><td>D/500 且不应大于 5</td></tr>
<tr><td colspan="2">弯曲矢高</td><td>D/500 且不应大于 5</td><td>用拉线、吊线和尺量检查</td></tr>
<tr><td rowspan="3">钢筋贯穿管柱孔（d 为钢筋直径）</td><td>孔径偏差范围</td><td>中间 1.2d ~ 1.5d
外侧 1.5d ~ 2d
长圆孔宽 1.2d ~ 1.5d</td><td rowspan="3">用尺量检查</td></tr>
<tr><td>轴线偏差</td><td>1.5d</td></tr>
<tr><td>孔距</td><td>任意两孔距离 ±1.5
两端孔距离 ±2</td></tr>
</table>

2）钢管混凝土柱脚锚固

（1）埋入式钢管混凝土柱柱脚的构造、埋置深度和混凝土强度应符合设计要求。

（2）端承式钢管混凝土柱柱脚的构造及连接锚固件的品种、规格、数量、位置应符合设计要求。柱脚螺栓连接与焊接的质量应符合设计要求和《钢结构工程施工质量验收标准》GB 50205—2020 的有关规定。

（3）埋入式钢管混凝土柱柱脚有管内锚固钢筋时，其锚固筋的长度、弯钩应符合设计要求。

（4）端承式钢管混凝土柱柱脚安装就位及锚固螺栓拧紧后，端板下应按设计要求及时进行灌浆。

（5）钢管混凝土柱柱脚安装允许偏差应符合下表的规定。

项目		允许偏差（mm）
埋入式柱脚	桩轴线位移	5
	柱标高	±5
端承式柱脚	支承面标高	±3
	支承面水平度	L/1000，且不应大于 5
	地脚螺栓中心线偏移	4
	地脚螺栓之间中心距	±2
	地脚螺栓露出长度	±30
	地脚螺栓露出螺纹长度	±30

注：L 为垫板长度。

3）钢管混凝土构件安装

（1）钢管混凝土构件吊装与混凝土浇筑顺序应符合设计和专项施工方案要求。

（2）钢管混凝土构件吊装前，基座混凝土强度应符合设计要求。多层结构上节钢管混凝土构件吊装应在下节钢管内混凝土达到设计要求后进行。

（3）钢管混凝土构件吊装前，钢管混凝土构件的中心线、标高基准点等标记应齐全；吊点与临时支撑点的设置应符合设计及专项施工方案要求。

（4）钢管混凝土构件焊接与紧回件连接的质量应符合设计要求和《钢结构工程施工质量验收标准》GB 50205—2020 的有关规定。

（5）钢管混凝土构件垂直度允许偏差应符合下表的规定。

检查数量：同批构件抽查 10%，且不少于 3 件。

检验方法：见下表。

项目		允许偏差（mm）	检验方法
单层	单层钢筋混凝土构件的垂直度	H/1000，且不应大于 10	用经纬仪、全站仪检验
多层及高层	主体结构钢管混凝土构件的整体垂直度	H/2500，且不应大于 35	

注：H 为钢柱高度。

（6）钢管混凝土构件安装允许偏差应符合下表的规定。

项目		允许偏差（mm）	检查方法
单层	柱脚底座中心线对定位轴线的偏移	5	用吊线和尺量检查
	单层钢管混凝土构件弯曲矢高	H/1200，且不应大于 15	用经纬仪、全站仪检查
多层及高层	上下构件连接处错口	3	用尺量检查
	同一层构件各构件顶高度差	5	用水准仪检查
	主体结构钢管混凝土构件总高度差	$\pm H$/1000，且不应大于 30	用水准仪和尺量检查

注：H 为钢柱高度。

4）钢管内混凝土浇筑

（1）钢管内混凝土的强度等级应符合设计要求。

（2）钢管内混凝土的工作性能和收缩性应符合设计要求和国家现行有关标准的规定。

（3）钢管内混凝土运输、浇筑及间歇的全部时间不应超过混凝土的初凝时间，同一施工段钢管内混凝土应连续浇筑。当需要留置施工缝时应按专项施工方案留置。

（4）钢管内混凝土浇筑应密实。

（5）钢管内混凝土施工缝的设置应符合设计要求，当设计无要求时，应在专项施工方案中作出规定，且钢管柱对焊接口的钢管应高出混凝土浇筑施工缝面 500mm 以上，以防钢管焊接时高温影响混凝土质量。施工缝处应按专项施工方案进行处理。

（6）钢管内的混凝土浇筑方法及浇灌孔、顶升孔、排气孔的留置应符合专项施工方案要求。

（7）钢管内混凝土浇筑前，应对钢管安装质量进行检查确认，并应清理钢管内壁污物；混凝土浇筑后应对管口进行临时封闭。

（8）钢管内混凝土浇筑后的养护方法和养护时间应符合专项施工方案要求。

（9）钢管内混凝土浇筑后，浇筑孔、顶升孔、排气孔应按设计要求封堵，表面应平整，并进行表面清理和防腐处理。

4. 成品保护措施

（1）钢管混凝土中钢构件的成品保护应符合《钢结构工程施工技术标准》ZJQ08–SGJB 205—2017 的相关规定。

（2）各构件之间应用隔板或隔木隔开，构件上下的支承垫木应在同一直线上，并加垫棱木或草袋等物使其紧密接触，用钢丝绳和花篮螺栓连成一体并拴牢于车厢上，以免构件运输时滑动变形或互碰损伤。

（3）钢管上的栓钉采取保护措施，及时围挡，防止碰撞，施工时严禁随意敲击栓钉。

（4）钢结构吊完后，严禁在柱子上悬挂重物，防止柱子因受力发生变形。

（5）混凝土养护应符合《混凝土结构工程施工规范》GB 50666—2011 的规定。

5. 安全、环保措施

1）安全措施

（1）施工安全措施应符合《钢结构工程施工规范》GB 50755—2012、《混凝土结构工程施工规范》GB 50666—2011 以及《钢结构工程施工技术标准》ZJQ08-SGJB 205—2017 的规定。

（2）起重设备行走道路应坚实、平整，停放地点应平坦；严禁超负荷吊装，操作时应避免斜吊，同时不得起吊重量不明的构件。

（3）混凝土泵车须由设备持证专人操作，严禁其他人员无证违章操作。

（4）顶升前应检查水平输送管接头的可靠性，顶升开始时水平钢管上要覆盖草袋，以防因泵送压力过大而发生爆管伤人，泵送时现场人员要远离泵管。

（5）在高处观察钢管柱顶端溢流混凝土的人员，应系好安全带，防止高空坠落。

2）环保措施

（1）钢结构焊接和连接环境保护安全措施应符合《钢结构工程施工规范》GB 50755—2012、《混凝土结构工程施工规范》GB 50666—2011 以及《钢结构工程施工技术标准》ZJQ08-SGJB 205—2017 的规定。

（2）混凝土结构施工环保措施应符合《混凝土结构工程施工规范》GB 50666—2011 的相关规定。

（3）钢管内部焊接时宜向管道内送风，排除管道内的烟尘，散热降温。

6

⑥ 砌体工程施工工艺

6.1 填充墙砌体施工

本章适用于烧结空心砖、自保温砌块、蒸压砂加气混凝土砌块等砌体工程施工及质量验收。

6.1.1 施工工艺流程

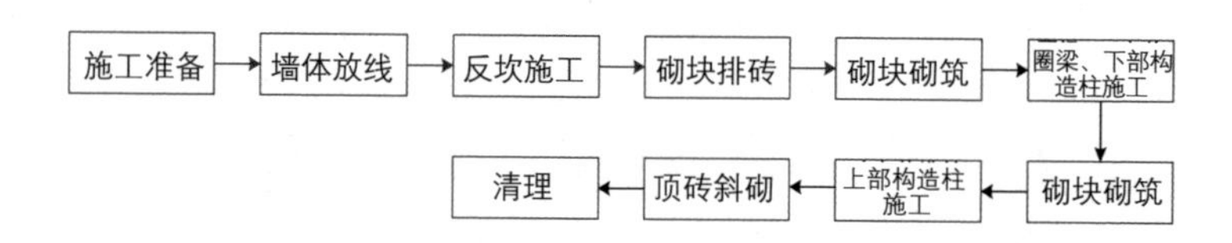

6.1.2 施工工艺标准图

序号	施工步骤	材料、机具准备	工艺要点	效果展示
1	测量放线	皮数杆、水准仪、钢卷尺、瓦刀、砂浆槽、扎丝、手推车、灰桶	结构经验收合格后，把砌筑基层楼地面的浮浆残渣清理干净，并根据设计图纸进行墙身、门窗洞口位置弹线，同时在结构墙柱上标出标高线	
2	设置坎台		外墙体及涉水房间墙体底层为混凝土坎台，其余部分墙体底层砌筑防渗性能较好的实心砖坎台，用于找平、防潮、防渗，再施工上部砌体	
3	立皮数杆		在各转角处，且间距不超过15m设立皮数杆，并拉通线。在皮数杆上应注明门窗洞口、拉结筋、圈梁、过梁的尺寸标高	

续表

序号	施工步骤	材料、机具准备	工艺要点	效果展示
4	排砖	皮数杆、水准仪、钢卷尺、瓦刀、砂浆槽、扎丝、手推车、灰桶	在砌筑砌块时，排序不合理，砌块间咬合不牢，就会降低砌体整体稳定性。 第一皮砌筑时应试摆，按墙段实量尺寸和砌块规格尺寸进行排列摆块，不足整块的用手锯或切割机等工具锯裁成需要的尺寸	
5	砌筑构造要求		当砌体墙的水平长度大于5m时，在墙中间和端部加设构造柱，构造柱与墙体的连接处应砌成马牙槎，马牙槎宜先退后进，进退尺寸不小于60mm，高度为300mm左右。构造柱应设置在填充墙的转角处、T形交接处或端部，构造柱的宽度与墙相等	
			高度大于4m的砌体在墙半高或门顶标高处设置通长钢筋混凝土圈梁或配筋砂浆带，圈梁宽度与墙相等，高度不应小于120mm	
			入户门框、外窗框必须按要求设置混凝土预制块，室内门洞口需设置预制块或实心砖。 窗台处现浇混凝土梁伸入墙内长度：抗震设防烈度6度~8度时，不应小于250mm；抗震设防烈度为9度时，不应小于360mm。	

续表

序号	施工步骤	材料、机具准备	工艺要点	效果展示
5	砌筑构造要求	皮数杆、水准仪、钢卷尺、瓦刀、砂浆槽、扎丝、手推车、灰桶	砌体与结构或构造柱连接的部位，沿墙高每隔 2 ~ 3 皮砖高 500 ~ 600mm 设 2ϕ6mm 拉墙筋，拉筋沿填充墙贯通	
6	砌块湿润清理		填充墙砌体砌筑前块材应提前 2d 浇水湿润。蒸压加气混凝土砌块砌筑时，应在砌筑当天向砌筑面适量浇水湿润	
7	砌块砌筑		砌砖采用铺浆法砌筑，一般铺浆长度不得超过 800mm。 砌块上下皮的竖向灰缝应相互错开，错开长度宜为 300mm，并不小于砌块长的 1/3	
8	灰缝要求		蒸压加气混凝土砌块砌体的水平灰缝厚度及竖向灰缝宽度需按规范要求，不宜大于 15mm，施工过程中检查水平灰缝饱满度不宜小于 90%、竖向灰缝不宜小于 80%。灰缝应做到横平竖直，砂浆饱满，不得出现通缝、假缝、瞎缝、透明缝等现象。为确保灰缝饱满，可采用模板在缝两侧夹紧后填塞砂浆	

续表

序号	施工步骤	材料、机具准备	工艺要点	效果展示
9	砌筑高度、墙顶斜砌	皮数杆、水准仪、钢卷尺、瓦刀、砂浆槽、扎丝、手推车、灰桶	考虑砂浆强度，单日砌筑高度不宜超过 1.4m。到顶墙砌至接近梁板底时，预留一定空隙，待间隔至少 14d 后用侧砖由中间向两侧斜砌约 60° 补砌挤紧，以砂浆填实，防止上部砌体因砂浆收缩而开裂	
10	浇筑构造柱		整面墙体砌筑封顶约 7d 后浇筑构造柱混凝土	
11	过程检查		为保证墙体的垂直平整度，砌筑过程中，要求经常用靠尺和线锤检查墙体的垂直平整度，发现问题在砂浆初凝前用木锤轻轻修正	

6.1.3 控制措施

序号	预控项目	产生原因	预控措施
1	砌体水平灰缝厚薄不均	（1）砌块规格不标准。 （2）砌筑前没有在适当位置立皮数杆。 （3）灰缝厚度控制不严，砌筑随意性较大	（1）砌筑前一天砖块要淋水湿润。 （2）立皮数杆砌筑，控制水平灰缝厚度
2	灰缝饱满度偏低	（1）砂浆和易性不好，砌筑时铺浆和挤浆都较困难，影响灰缝砂浆的饱满度。	1）改善砂浆和易性是确保灰缝砂浆饱满度的关键。

续表

序号	预控项目	产生原因	预控措施
2	灰缝饱满度偏低	（2）用干砖砌墙，砂浆中的水分被砖吸收，使砂浆失水结硬，既影响砂浆粘结性能，也使水平灰缝饱满度达不到规范要求。 （3）用铺浆法砌筑，有时因铺浆过长，砌筑速度跟不上，砂浆中水分被底砖吸收，使砌上的砖层与砂浆失去粘结性，导致水平灰缝砂浆饱满度不符合要求。 （4）砂浆和易性差，操作者用瓦刀上浆，竖缝上浆困难。 （5）操作者没有认真进行操作，砌筑后没有进行自检，使竖缝砂浆不饱满未得到及时纠正	2）当采用铺浆法砌筑时，必须控制铺灰长度，一般气温情况下不得超过 750mm；当施工期间气温超过 30℃时不得超过 500mm。 3）砌筑方法，宜推广“三一砌砖法”（即一块砖、一铲灰、一挤揉的砌筑方法）。 4）严禁使用干砖砌墙。采用普通砌筑砂浆砌筑填充墙时，烧结空心砖、吸水率较大的轻骨料混凝土小型空心砌块应提前 1 ~ 2d 浇（喷）水湿润。蒸压加气混凝土砌块采用蒸压加气混凝土砌块砌筑砂浆或普通砌筑砂浆砌筑时，应在砌筑当天对砌块砌筑面喷水湿润。块体湿润程度宜符合下列规定： （1）烧结空心砖的相对含水率为 60% ~ 70%。 （2）吸水率较大的轻骨料混凝土小型空心砌块、蒸压加气混凝土砌块的相对含水率为 40% ~ 50%。 5）砌筑过程中，应注意检查竖向灰缝饱满度，不得出现透明缝、瞎缝和假缝

6.1.4 技术交底

6.1.4.1 施工准备

1. 材料准备

蒸压加气混凝土砌块、砌筑砂浆（或专用粘结砂浆）、钢筋、模板、混凝土等。

2. 主要机具

1）机械设备

应备有砂浆搅拌机、干混砂浆罐、施工电梯。

2）主要工具

（1）测量、放线、检验：应备有龙门板、皮数杆、水准仪、经纬仪、2m 靠尺、楔形塞尺、托线板、线坠、百格网、钢卷尺、水平尺、小线、砂浆试模、磅秤等。

（2）蒸压加气混凝土砌块专用工具有铺灰铲、锯、钻、镂、平直架、开槽机、操作平台等。

3. 作业条件

（1）填充墙施工前，承重主体结构检验批应验收合格。

（2）轴线、墙身线、门窗洞口线等已弹出并经过技术核验。

（3）填充墙拉结钢筋已按要求预埋或植筋完毕，并经过隐蔽验收。

（4）砌筑砂浆根据设计要求，由试验室通过试验确定配合比。

（5）填充墙顶部与承重主体结构之间的空隙部位，应在填充墙砌筑 14d 后进行砌筑。

（6）对进场的块材型号、规格、数量、质量和堆放位置、次序等已经进行检查、验收，能满足施工要求。

（7）所需机具设备已准备就绪，并已安装就位。

6.1.4.2 操作工艺

1. 工艺流程

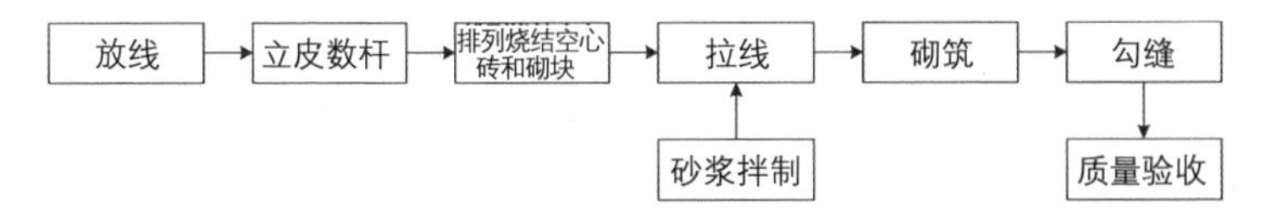

2. 测量放线

（1）依据建筑图的尺寸要求，根据轴线控制点对墙体轴线进行放测，复核施测的轴线与主体混凝土结构墙、柱的轴线是否吻合，有误差时进行平差。

（2）楼层内的洞口位置线需各专业人员进行复核。

3. 试摆与排列

1）对于空心砖砌体，砌砖前按照弹好的外墙线干摆砖块，调整好各砖之间的竖向缝大小；结合弹好的门洞线，使窗间墙砖垛的尺寸尽量符合砖的模数。第一皮砌筑时应试摆，应尽量采用主规格烧结空心砖。按墙段实量尺寸和烧结空心砖规格尺寸进行排列摆块，不足整块的可锯截成需要尺寸，但不得小于烧结空心砖长度的 1/3。

2）对于砌块砌体，则应绘制砌块排列图。砌块排列图要求砌块排列整齐且有规律性。避免通缝：以大规格砌块为主砌块，使其占到砌块总数的 70% 以上；辅助砌块最小长度不应小于 150mm；砌块排列应上下错缝，搭接长度不宜小于被搭接砌块长度的 1/3。

3）摆砌时应考虑以下因素：

（1）砌块尺寸、灰缝厚度、顶部缝隙和墙根部坎台高度。

（2）尽可能采用主规格砌块，减少配套砌块的种类和数量。

（3）标明灰缝中应设置拉结钢筋的部位。

（4）标明预留洞和预埋件的位置。

（5）按门、窗、过梁、暗线、暗管、线盒等的要求，在排列图上标明主规格砌块、配套砌块以及预埋件等位置。

4. 蒸压加气混凝土砌块、蒸压加气混凝土砌块墙施工要点

砌筑施工：

（1）蒸压加气混凝土砌块的砌筑面上应适量洒水。

（2）蒸压加气混凝土砌块上下皮砌块的竖向灰缝应相互错开，相互错开长度宜为 300mm（搭接长度不宜小于砌块长度的 1/3），并不小于 150mm。如不能满足要求，应在水平灰缝设置 2ϕ6mm 的拉结钢筋或 ϕ4mm 的钢筋网片，拉结钢筋或钢筋网片的长度应不小于 700mm。

（3）蒸压加气混凝土砌块墙的转角处，应使纵横墙的砌块相互搭接，隔皮砌块露端面。蒸压加气混凝土砌块墙的 T 字形交接处，应使横墙砌块隔皮露端面，并坐中于纵墙砌块。

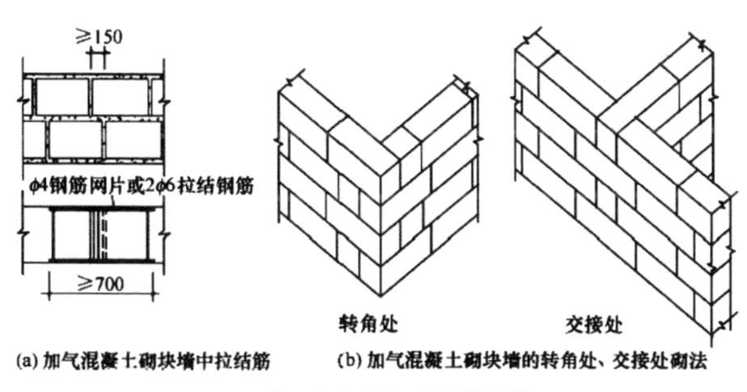

蒸压加气混凝土砌块墙施工

（4）每一楼层内的砌块墙体应连续砌完，不留接槎。如必须留槎时，应留成斜槎，或在门窗洞口侧边间断。

（5）蒸压加气混凝土砌块墙的转角处、与结构柱交接处，均应沿墙高或柱高 1m（500 ~ 600mm）左右，在水平灰缝中放置拉结钢筋，拉结钢筋为 2ϕ6mm，钢筋应预先埋置在结构柱内，伸入墙内时不少于 700mm（55*d* 且不小于 400mm，*d* 为钢筋的直径）。

（6）蒸压加气混凝土砌块外墙的窗口下一皮砌块下的水平灰缝应设置拉结钢筋，拉结钢筋为 3ϕ6mm，钢筋伸过窗口侧边应不小于 500mm。

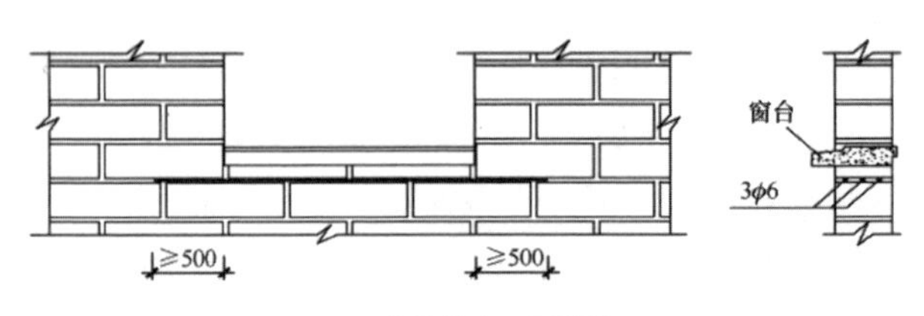

砌块墙窗口下配筋

（7）蒸压加气混凝土砌块墙上不得留设脚手眼。

（8）蒸压加气混凝土砌块墙如无切实有效措施，不得用于下表部位。

序号	不得用于的部位
1	建筑物室内地面标高以下部位
2	长期浸水或经常干湿交替部位
3	受化学环境侵蚀（如强酸、强碱）或高浓度二氧化碳等环境
4	砌块表面经常处于 80℃以上的高温环境

（9）采用薄层砂浆法砌筑时，应符合下表规定。

序号	内容
1	砌筑砂浆应采用专用粘结砂浆
2	砌块不得用水浇湿，应采用专用工具进行薄层砌筑，其灰缝厚度宜为 2 ~ 3mm
3	砌块与拉结筋的连接，应预先在相应位置的砌块上表面开设凹槽；砌筑时，钢筋应居中放置在凹槽砂浆内
4	砌块砌筑过程中，当在水平面和垂直面上有超过 2mm 的错边量时，应采用钢齿磨板和磨砂板磨平，方可进行下道工序施工
5	砌筑在结构件（楼板和梁）上的第一皮砌块时应用 1 ： 3 的水泥砂浆坐浆，以保证砌块面平直

（10）采用非专用粘结砂浆砌筑时，水平灰缝厚度和竖向灰缝宽度不应超过 15mm。

6.1.4.3 质量标准

1. 主控项目

1）烧结空心砖、小砌块、免抹灰砌块、自保温砌块等和砌筑砂浆的强度等级应符合设计要求。

抽检数量：烧结空心砖每 10 万块为一验收批，小砌块、免抹灰砌块每 1 万块为一验收批，不足上述数量时按一批计，抽检数量为一组。自保温复合砌块按强度等级分批验收，以同一品种原材料配制成的强度等级、密度等级和同一工艺生产的 1 万块砌块为一验收批；每月生产的砌块数不足 1 万块的以一批论。

检验方法：检查砖或小砌块等材料进场复试报告和砂浆试块试验报告。

2）填充墙砌体应与主体结构可靠连接，其连接构造应符合设计要求，未经设计同意，不得随意改变连接构造方法。每一填充墙与柱的拉结筋的位置超过一皮块体高度的数量不得多于一处。

抽检数量：每检验批抽查不应少于 5 处。

检验方法：观察检查。

3）填充墙与承重墙、柱、梁的连接钢筋，当采用化学植筋的连接方式时，应进行实体检测。锚固钢筋拉拔试验的轴向受拉非破坏承载力检验值应为 6kN。抽检钢筋在检验值作用下应基层无裂缝、钢筋无滑移宏观裂损现象；持荷 2min 期间荷载值降低不大于 5%。填充墙砌体植筋锚固力检测记录可按下表填写。

抽检数量：按表确定。

检验方法：原位试验检查。

工程名称		分项工程名称			
施工单位		项目经理			
分包单位		施工班组组长			
检测执行标准及编号					
试件编号	实测荷载（kN）	检测部位		检测结果	
		轴线	层	完好	不符合要求情况
监理（建设）单位验收结论					
备注	（1）植筋埋置深度（设计）： mm; （2）基材混凝土设计强度等级为： ; （3）锚固钢筋拉拔承载力检验值：6kN				

4）用于自保温砌块砌体工程的相关材料，其品种、规格应符合设计要求和国家现行相关标准的规定。应按进场批次，每批随机抽取 3 个试样进行外观观察检查、尺量检查及核查质量证明文件。

5）自保温砌块的密度、抗压强度、当量导热系数应符合设计要求，应全数核查质量证明文件、型式检验报告及进场复验报告。

6）自保温砌块砌体的耐火极限不应小于 2h，并应符合国家现行有关标准的规定。应全数核查质量证明文件、型式检验报告。

7）自保温砌块砌体的传热系数应符合设计要求，并核查复验报告。

8）自保温砌块进场应对其下列性能进行复验，复验应为见证取样送检：

（1）自保温砌块密度、抗压强度；

（2）自保温砌块砌体传热系数。

抽检数量：抽样原则上按同一家、同一品种进行，当单位工程建筑面积在 20000m² 以下时各检测不少于 1 次；当单位工程建筑面积在 20000m² 以上时各检测不少于 2 次。同一施工许可证每个单位工程建筑面积在 800m² 以下，累计施工建筑面积在每增加 10000m² 时应增加 1 次，不足 10000m² 的按 10000m² 计。

检验方法：应随机抽样送检，核查复验报告。

9）自保温砌块砌体系统配套保温材料的密度、抗压强度或压缩强度、导热系数、燃烧性能应符合设计要求。应全数核查质量证明文件、型式检验报告及进场复验报告。

10）自保温砌块砌体系统配套的保温材料、增强网、粘结材料等进场时应对其下列性能进行复验，复验应为见证取样送检：

（1）保温材料密度、抗压强度或压缩强度、导热系数。

（2）增强网的力学性能、抗腐蚀性能。

（3）粘结材料的粘结强度。

抽检数量：抽样原则上按同一厂家、同一品种时，当单位工程建筑面积在 20000m² 以下时各检测不少于 3 次；当单位工程建筑面积在 20000m² 以上时各检测不少于 6 次。

检验方法：应随机抽样送检，核查复验报告。

2. 一般项目

1）填充墙砌体尺寸、位置的允许偏差及检验方法应符合下表的规定。

项次	项目		允许偏差（mm）	检验方法
1	轴线位移		10	用尺检查
	垂直度（每层）	≤ 3m	5	用2m托线板或吊线、尺检查
		>3m	10	
2	表面平整度		8	用 2m 靠尺或楔形塞尺检查
3	门窗洞口高、宽（后塞口）		± 10	用尺检查
4	外墙上、下窗口偏移		20	用经纬仪或吊线检查

抽检数量：每检验批抽查不少于 5 处。

2）免抹灰砌块砌体尺寸、位置的允许偏差及检验方法应符合下表的规定。

项次	项目	允许偏差（mm）	检验方法
1	轴线位移	3	用尺检查
2	垂直度	3	用 2m 托线板或吊线、尺检查
3	表面平整度	3	用 2m 靠尺或楔形塞尺检查
4	接缝高差	2	用直尺和塞尺检查
5	转角偏差	4	用 2mm 方尺、角尺、塞尺检查
6	门窗洞中心偏差	3	用尺检查
7	门窗洞口尺寸偏差	4	用尺检查
8	纵缝宽（胶粘剂必须饱满）	6	用尺检查

抽检数量：每检验批抽查不少于 5 处。

3）填充墙砌体的砂浆饱和度及检验方法应符合下表的规定。

<table>
<tr><th>砌体分类</th><th>灰缝</th><th>饱和度及要求</th><th>检验方法</th></tr>
<tr><td rowspan="2">烧结空心砖砌体</td><td>水平</td><td>≥ 80%</td><td rowspan="6">采用百格网检查块材底面砂浆的粘结痕迹面积</td></tr>
<tr><td>垂直</td><td>填满砂浆，不得有透明缝、暗缝、假缝</td></tr>
<tr><td rowspan="2">蒸压加气混凝土砌块、砂加气混凝土砌块和轻骨料混凝土小砌块砌体</td><td>水平</td><td>≥ 80%</td></tr>
<tr><td>垂直</td><td>≥ 80%</td></tr>
<tr><td rowspan="2">免抹灰砌块、自保温砌块砌体</td><td>水平</td><td>≥ 90%</td></tr>
<tr><td>垂直</td><td>≥ 90%</td></tr>
</table>

抽检数量：每检验批抽查不应少于 5 处。

4）填充墙砌体留置的拉结钢筋或网片的位置应与块体皮数相符合。拉结钢筋或网片应置于灰缝中，埋置长度应符合设计要求，竖向位置偏差不应超过 1 皮高度。

抽检数量：每检验批抽查不应少于 5 处。

检验方法：观察和用尺量检查。

5）蒸压加气混凝土砌块砌体和轻骨料混凝土小型空心砌块砌体不应与其他块材混砌。

抽检数量：每检验批抽查不应少于 5 处。

6）填充墙砌筑时应错缝搭砌。蒸压加气混凝土砌块搭砌长度不应小于砌块长度的 1/3；轻骨料混凝土小型空心砌块搭砌长度不应小于 90mm；竖向通缝不应大于 2 皮。

抽检数量：每检验批抽查不应少于 5 处。

检验方法：观察和用尺检查。

7）填充墙砌体的灰缝厚度和宽度应正确。烧结空心砖、轻骨料混凝土小型空心砌块砌体灰缝应为 8 ~ 12mm；蒸压加气混凝土砌块砌体当采用水泥砂浆、水泥混合砂浆或蒸压加气混凝土砌块砌筑砂浆时，水平灰缝厚度和竖向灰缝宽度不应超过 15mm；当蒸压加气混凝土砌块砌体采用蒸压加气混凝土砌块粘结砂浆时，水平灰缝厚度和竖向灰缝宽度宜为 2 ~ 3mm；免抹灰砌块采用专用砌筑砂浆砌筑，水平灰缝厚度和竖向灰缝宽度宜为 3 ~ 5mm。

抽检数量：每检验批抽查不应少于 5 处。

检查方法：水平灰缝厚度用尺量 5 皮小砌块的高度折算；竖向灰缝宽度用尺量 2m 砌体长度折算。

8）自保温砌块砌体尺寸的允许偏差应符合现行国家标准《砌体结构工程施工质量验收规范》GB 50203 的规定。

9）自保温砌块砌体砌筑过程中，应及时进行质量检查、隐蔽工程验收和检验批验收，施工完成后，墙体节能分项工程应与砌体分项工程一同验收，验收时结构部分应符合现行国家标准《砌体结构工程施工质量验收规范》GB 50203 自承重墙体的有关规定，节能部分应符合现行国家标准《建筑节能工程施工质量验收标准》GB 50411 的有关规定。

10）墙体节能分项工程验收应对下列部位进行隐蔽工程验收，并应有详细的文字记录和必要的图像资料：

（1）自保温砌块填充墙体。

（2）增强网铺设。

（3）墙体热桥部位处理。

11）墙体节能工程验收的检验批划分应符合下列规定：

（1）采用相同材料、工艺和施工做法的墙体，每 500 ~ 1000m^3 砌体应划分为一个检验批，不足 500m^3 也应为一个检验批。

（2）检验批的划分也可根据施工段的划分，应与施工流程相一致且方便施工和验收。

12）自保温砌块砌体的水平灰缝、竖向灰缝饱满度均不应低于90%。每楼层每施工段应至少抽查一次，每次应抽查5处，每处不应少于3块自保温砌块，对照设计核查施工方案和砌筑砂浆强度报告，用百格网检查灰缝砂浆饱满度的方法进行检验。

13）自保温砌块砌体留置的拉结钢筋或网片的位置应与块体皮数相符合。拉结钢筋或网片应置于灰缝中，埋置长度应符合设计要求。每检验批抽查不应少于5处，观察检查和用尺量方法检验。

14）对有裂缝的自保温砌块砌体应分别按下列情况进行验收：

（1）有可能影响结构安全性的自保温砌块砌体裂缝，应由有资质的检测单位检测鉴定。凡返修或加固处理的部分，应符合使用要求并进行再次验收。

（2）不影响结构安全性的砌体裂缝，应予以验收。有碍使用功能或观感效果的裂缝，应进行隐蔽处理。

6.1.4.4 成品保护措施

（1）砌体砌筑完成后，未经有关人员检查验收，轴线桩、水准桩、皮数杆应加以保护，不得碰坏、拆除。

（2）砌块运输和堆放时，应轻吊轻放，堆放高度不得超过1.6m，堆垛之间应保持适当的通道。

（3）水电和室内设备安装时，应注意保护墙体，不得随意凿洞。填充墙上的设备洞、槽应在砌筑时同时留设，漏埋或未预留时，应使用切割机切槽，埋设完毕后用C15混凝土灌实。

（4）不得使用砌块作脚手架的支撑。拆除脚手架时，应注意保护墙体及门窗口角。

（5）墙体拉结筋，抗震构造柱钢筋，暖、卫、电气管线及套管等，均应注意保护，不得任意拆改、弯折或损坏。

（6）砂浆稠度应适宜，砌筑过程中要及时清理，防止砂浆溅脏墙面。

6.1.4.5 安全、环保措施

1. 安全措施

1）砌体结构工程施工中，应按施工方案对施工作业人员进行安全交底，并形成书面交底记录。

2）施工机械的使用，应符合现行行业标准《建筑机械使用安全技术规程》JGJ 33 和《施工现场临时用电安全技术规范》JGJ 46 的有关规定，并定期检查维护。

3）采用升降机、龙门架及井架物料提升机运输材料设备时，应符合现行行业标准《建筑施工升降机安装、使用、拆卸安全技术规程》JGJ 215 和《龙门架及井架物料提升机安全技术规范》JGJ 88 的有关规定，且一次提升总重量不得超过机械额定起重或提升能力，并应有防散落、抛撒措施。

4）车辆运输块材的装箱高度不得超出车厢，砂浆车内浆料应低于车厢上口 0.1m。

5）安全通道应搭设可靠，并应有明显标识。

6）现场人员应佩戴安全帽，高处作业应系好安全带。在建工程外侧应设置密目安全网。

7）砌筑用脚手架应按经审查批准的施工方案搭设，并应符合国家现行相关脚手架安全技术规范的规定。验收合格后，不得随意拆

除和改动脚手架。

8）作业人员在脚手架上施工时，应符合下列规定：

（1）在脚手架上砍砖时，应向内将碎砖打在脚手板上，不得向架外砍砖。

（2）在脚手架上堆普通砖、多孔砖不得超过 3 层，烧结空心砖或砌块不得超过 2 层。

（3）翻拆脚手架前，应将脚手板上的杂物清理干净。

9）在建筑高处进行砌筑作业时，应符合现行行业标准《建筑施工高处作业安全技术规范》JGJ 80 的相关规定。不得在卸料平台、脚手架、升降机、龙门架及井架物料提升机出入口位置进行块材的切割、打凿加工。不得站在墙顶操作和行走。工作完毕应将墙上和脚手架上多余的材料、工具清理干净。

10）楼层卸料和备料不应集中堆放，不得超过楼板的设计活荷载标准值。

11）生石灰运输过程中应采取防水措施，且不应与易燃易爆物品共同存放、运输。

12）淋灰池、水池应有护墙或护栏。

13）现场加工区材料切割、打凿加工人员，砂浆搅拌作业人员以及搬运人员，应按相关要求佩戴好劳动防护用品。

14）工程施工现场的消防安全应符合现行国家标准《建设工程施工现场消防安全技术规范》GB 50720 的有关规定。

2. 环境保护措施

（1）施工现场应制订砌体结构工程施工的环境保护措施，并应选择清洁环保的作业方式，减少对周边地区的环境影响。

（2）施工现场拌制砂浆及混凝土时，搅拌机应在施工现场醒目位置设环境保护标识。

（3）根据当地气候和自然资源条件，应合理利用太阳能或其他可再生能源。

（4）砌筑施工阶段目测扬尘高度应小于 0.5m，不得扩散到工作区域外。

（5）有防风、隔声的封闭维护设施，并宜安装除尘装置，其噪声限值应符合国家有关规定。

（6）砌体结构宜采用工业废料或废渣制作的砌块及其他节能环保的砌块。

（7）混合砂浆掺合料可使用粉煤灰等工业废料。

（8）水泥、粉煤灰、外加剂等应存放在防潮且不易扬尘的专用库房。露天堆放的砂、石、水泥、粉状外加剂、石灰等材料应进行覆盖。石灰膏应存放在专用储蓄池。

（9）对施工现场道路、材料堆场地面宜进行硬化，并应经常洒水清扫，场地应清洁。

（10）运输车辆应无遗撒，驶出工地前宜清洗车轮。

（11）砌块运输宜采用托板整体包装，现场应减少二次搬运。

（12）在砂浆搅拌、运输、使用过程中，遗漏的砂浆应回收处理。砂浆搅拌及清洗机械所产生的污水，应经过沉淀池沉淀后排放。

（13）砌块湿润和砌体养护宜使用检验合格的非自来水水源。

（14）高处作业时不得扬撒物料、垃圾、粉尘以及废水。

（15）砌块应按组砌图砌筑：非标准砌块应在工厂加工并按计划进场，现场切割时应集中加工，并采取防尘降噪措施。

（16）现场搅拌砂浆时，用水应合理并有节水措施。

（17）砌筑施工时，落地灰应随即清理、收集和再利用。

（18）施工过程中，应采取建筑垃圾减量化措施。作业区域垃圾应当天清理完毕，施工过程中产生的建筑垃圾应进行分类处理。

（19）机械、车辆检修和更换油品时，应防止油品洒漏在地面或渗入土壤。废油应回收，不得将废油直接排入地下水管道。

（20）切割作业区域的机械应进行封闭维护，减少扬尘和噪声排放。

6.2 混凝土小型空心砌块

本章适用于普通混凝土小型空心砌块和轻骨料混凝土小型空心砌块等砌体工程施工及质量验收。

6.2.1 施工工艺流程

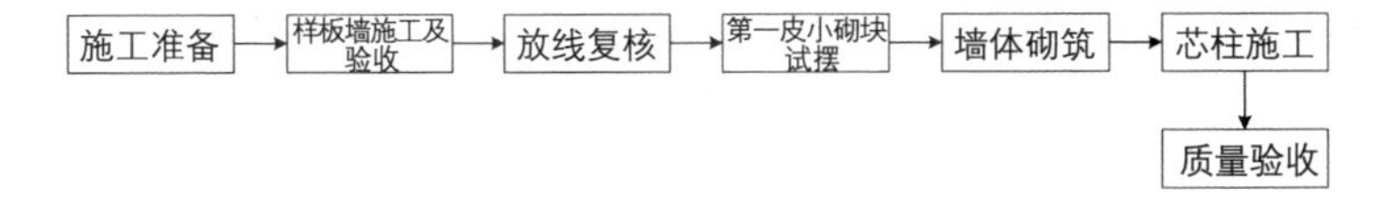

6.2.2 施工工艺标准图

序号	施工步骤	材料、机具准备	工艺要点	效果展示
1	施工准备	皮数杆、水准仪、钢卷尺、瓦刀、砂浆槽、扎丝、手推车、灰桶	（1）根据原材料的性能、砌筑砂浆技术要求及施工条件进行计算，并应经试配、调整后确定砌筑砂浆配合比。 （2）绘制小砌块排列图，有条件的情况下可应用BIM技术进行模拟排列	

序号	施工步骤	材料、机具准备	工艺要点	效果展示
2	样板墙施工及验收	皮数杆、水准仪、钢卷尺、瓦刀、砂浆槽、扎丝、手推车、灰桶	（1）项目部编制样板制作方案。 （2）样板经过业主、监理、设计和施工单位四方验收合格后，方可大面积施工	
3	放线复核，立皮数杆		在房屋的四角或楼梯间转角处设立皮数杆，皮数杆间距不得大于15m，根据砌块高度和灰缝厚度计算皮数杆和排数，皮数杆上应画出各皮数杆的高度和灰缝厚度，在皮数杆上相对小砌块上边线拉准线，小砌块依准线砌筑	
4	第一皮小砌块试摆		砌筑时，墙体第一皮小砌块应进行试摆。排砖时，不够半砖处应采用强度等级不低于C20的适宜尺寸的配套预制混凝土砌块	
5	墙体砌筑		（1）砌筑一般采用“披灰挤浆”，先用瓦刀在砌块底面的周肋上满披灰浆，铺灰长度不得超过800mm，再在待砌的砌块端头满披头灰，然后双手搬运砌块，进行挤浆砌筑。 （2）上下皮砌块应对孔错缝搭砌，墙体个别部位不能满足要求时，应在水平灰缝中设置拉结筋	（a）转角处 辅助规格砌块 （b）交接处

续表

序号	施工步骤	材料、机具准备	工艺要点	效果展示
6	芯柱施工	皮数杆、水准仪、钢卷尺、瓦刀、砂浆槽、扎丝、手推车、灰桶	（1）芯柱截面不宜小于120mm×120mm，宜用不低于C20的细石混凝土浇灌。 （2）钢筋混凝土芯柱每孔内插竖筋不应小于ϕ10mm，底部应伸入室内地面下500mm或与基础梁锚固，顶部与屋盖圈梁锚固。 （3）在钢筋混凝土芯柱处，沿墙高每隔600mm应设ϕ4mm钢筋网片拉结，每边伸入墙体不小于600mm	钢筋网片 钢筋网片 芯柱 600 600 600 （a）交接处 钢筋网片 钢筋网片 600 芯柱 600 （b）转角处

6.2.3 控制措施

序号	预控项目	产生原因	预控措施
1	小型空心砌块填充墙裂缝	（1）设计图纸对构造措施要求不明确，图纸会审时也没有及时提出，造成施工中未能采取足够的防裂措施。 （2）为赶工期，小砌块没到产品龄期就砌筑，由于砌块收缩量过大而引起墙体开裂。 （3）设计图纸往往只要求砌筑砂浆强度等级不低于M5，施工中没有针对性地配置专用砌筑砂浆，对陶粒砌块等强度较低的砌体，采用水泥砂浆砌筑容易因收缩引起砌体开裂。	（1）设计图纸中对构造措施不明确时，图纸会审时应及时提出。 （2）小型砌块的产品龄期现场无法测定，宜适当提前进场并留置一段时间再砌筑。 （3）加强对砌块进行进场验收、管理，在砌块达到龄期后才能使用。 （4）砌筑砂浆宜用水泥石灰砂浆，并按设计要求设置好配合比。 （5）砌筑砂浆必须搅拌均匀，一般情况下砂浆应在3～4h内用完，气温超过30℃时，必须在2～3h内用完，常温条件下日砌筑高度普通混凝土小砌块控制在1.5m内，轻骨料混凝土小砌块控制在1.8m内。

续表

序号	预控项目	产生原因	预控措施
1	小型空心砌块填充墙裂缝	（4）梁（板）底挤砖不紧密，灰缝不饱满；砌体与混凝土柱（墙）交接处灰缝不饱满。 （5）砂浆没按设计配合比进行机械搅拌，拌合的砂浆使用不及时。 （6）门窗洞口没有按要求设置钢筋混凝土带或过梁；过梁混凝土施工质量不符合要求	（6）门窗洞口处必须按规定设置配钢筋砖过梁或钢筋混凝土过梁
2	构造柱与墙体结合处做法不符合规范要求	（1）未按规范的相关规定和设计图纸要求设置构造柱与墙体连结。 （2）拉结钢筋未按规定布置，或拉结钢筋被遗漏	（1）构造柱两侧砖墙应砌成马牙槎并设置好拉结筋。 （2）马牙槎从柱脚开始应先退后进；落入构造柱内的地灰、砖渣等杂物应清理干净。 （3）要先绑扎构造柱的钢筋后砌墙。 （4）砖墙砌筑时沿竖向每隔不大于500mm（根据砌块的模数确定拉结筋的位置，保证拉结钢筋埋设在灰缝中）设置2ϕ6mm拉结钢筋，钢筋两端应弯直角钩伸入墙内，且长度不小于相关规范规定。 （5）构造柱应在砌墙后才进行浇筑，以加强墙体的整体稳定性

6.2.4 技术交底

6.2.4.1 施工准备

1. 材料准备

（1）小砌块、水泥、中砂、石子、石灰膏（或生石灰、磨细生石灰）或电石膏、黏土膏、外加剂、钢筋等。

（2）材料运到现场后应按照规格、类型堆放整齐，防雨排水措施得当。

2. 机具准备

（1）预拌砂浆储存容器：采用湿拌砂浆时需使用湿拌砂浆存储器，采用干混砂浆时应配备符合相关标准要求的散装移动筒仓。

（2）当无条件使用预拌砂浆时，需设立砂浆搅拌机、筛砂机、淋灰机等设备，同时需要塔式起重机或其他垂直、水平运输设备。

（3）主要机具：瓦刀、小撬棍、木锤、砌块夹具、小推车等。

3. 作业条件

（1）对进场的小砌块型号、规格、数量、质量和堆放位置、次序等已经进行检查、验收，能满足施工要求。

（2）所需机具设备已准备就绪，并已安装就位。

（3）小砌块基层已经清扫干净，并在基层上弹出纵横墙轴线、边线、门窗洞口位置线及其他尺寸线。

（4）在房屋四角或楼梯间转角等处设立皮数杆，并办好预检手续。

（5）上道工序已经验收合格，并办理交接手续。

（6）砌筑砂浆及灌芯混凝土已经根据设计要求，经试验确定配合比。

4. 技术准备

（1）编制小砌块结构工程专项施工方案，完成审核、审批，小砌块结构施工前一周内由项目总工程师组织进行施工方案交底；小砌块结构施工前 1d，由专业工程师组织完成分项工程交底。

（2）根据原材料的性能、砌筑砂浆技术要求及施工条件进行计算，并应经试配、调整后确定砌筑砂浆配合比。

（3）材料进场后，及时完成见证检验，经复试合格。

（4）绘制小砌块排列图，有条件的情况下可应用 BIM 技术进行模拟排列。

（5）小砌块结构施工前，按照《样板施工方案》砌筑一个开间的样板间或样板墙。

6.2.4.2 操作工艺

1. 工艺流程

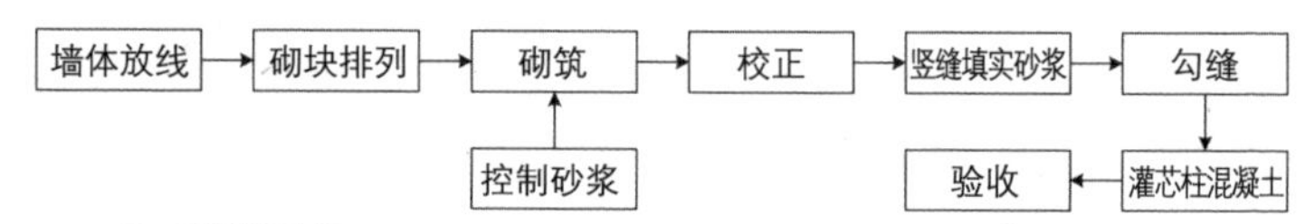

2. 工艺要点

1）选砌块

挑选砌块，进行尺寸和外观检查。有缺陷的小砌块严禁在承重墙体使用。清水墙体砌块还要检查颜色，色差大的不得上墙。

2）墙体放线

砌体施工前，应将基层清理干净，按设计标高进行找平，并根据施工图及砌块排列组砌图放出墙体的轴线、外边线、洞口线等位置线，放线结束后应及时组织验线工作，并经监理单位复核无误后，方可施工。

3）砌块洒水润湿

普通混凝土小砌块一般不宜洒水，以免砌筑时灰浆流失，砌体移滑，也可避免砌块上墙干缩造成砌体裂缝。在天气干燥炎热的情况下，可提前洒水湿润小砌块，施工前可提前浇水，但不宜过多，此工序根据现场砌块及天气、温度等情况具体掌握。

4）制备砂浆

（1）砌体所用砂浆应按设计要求的砂浆品种、强度等级进行配置，砂浆配合比应由试验室确定，采用重量比时，其计量精度为水泥 ±2%，砂、石灰膏控制在 ±5% 以内。

（2）砂浆应采用机械搅拌，搅拌时间：水泥砂浆和水泥混合砂浆不得少于 2min，掺用外加剂的砂浆不得少于 3min，掺用有机塑化剂的砂浆应为 3 ~ 5min。同时，还应具有较好的和易性和保水性，一般稠度以 5~7cm 为宜。

（3）砂浆应搅拌均匀，随拌随用，水泥砂浆和水泥混合砂浆应分别在 3h 和 5h 内使用完毕，当施工期间最高温度超过 30℃时，应分别在拌成后 2h 和 3h 内使用完毕。

5）砌块排列

由于砌块排列直接影响墙体的整体性，因此在施工前必须按以下原则、方法及要求进行砌块排列。

（1）砌块砌体在砌筑前，应根据工程设计施工图，结合砌块的品种、规格，绘制砌体砌块组砌排列图（主要是交接点处），同时根据砌块尺寸、垂直缝的宽度和水平缝的厚度计算砌块砌筑皮数和排数，并经审核无误后，按组砌图及计算结果排列砌块。

（2）砌块排列时，应尽量采用主规格，以提高砌筑日产量。

（3）砌块排列应对孔错缝搭砌，搭砌长度不应小于 90mm。如果搭接错缝长度满足不了规定的要求，应采取压砌钢筋网片或设置拉结筋等措施，具体构造按设计规定。若设计无规定时，一般可配

ϕ4mm 钢筋网片，长度不小于 600mm；墙拉结筋为 2ϕ6mm，长度不小于 600mm。

（4）外墙转角及纵横墙交接处，应分皮咬槎，交错搭砌。如果不能咬槎时，按设计要求采取构造措施。

（5）砌体的垂直缝应与门窗洞口的侧边线相互错开，不得同缝，错开间距应大于 150mm，且不得采用砖镶砌。

（6）砌体水平灰缝厚度和垂直灰缝宽度一般为 10mm，但不应大于 12mm，也不应小于 8mm。

6）铺砂浆与砌筑

将搅拌好的砂浆，通过吊斗、灰车运至砌筑地点，并按砌筑顺序及需要量倒运在灰槽或灰斗内，以供铺设。

（1）砌筑应从外墙转角处或定位处开始，内外墙同时砌筑，纵横墙壁交错搭接砌块应底面朝上，应使用有凹槽的一端接着平头的一端砌筑。

（2）砌块应逐块铺砌，采用满铺、满挤法。灰缝应做到横平竖直，全部灰缝均应填满砂浆。水平灰缝宜用坐浆满铺法，垂直缝可先在砌块端头铺满砂浆（即将砌块铺浆的端面朝上依次紧密排列），然后将砌块上墙挤压至要求尺寸，也可在砌块端头刮满砂浆，然后将砌块上墙进行挤压，直至所需尺寸。

（3）砌块砌筑一定跟线，“上跟线，下跟棱，左右相邻要寻平”。同时，应随时进行检查，做到随砌随查随纠正，以免返工。

7）勾缝

每当砌完一块，应随后进行灰缝的勾缝（原浆勾缝），勾缝深度一般为 3 ~ 5mm。

8）芯柱

当设有混凝土芯柱时，应按设计要求设置钢筋，其搭接头长度不应小于 40*d*（*d* 为钢筋直径）。芯柱应随砌随灌随捣实。

（1）芯柱混凝土应贯通楼板，芯柱钢筋应与上、下层圈梁连接，并按层进行连续浇筑。

（2）芯柱混凝土的浇筑，必须在砌筑砂浆强度大于 1MPa 以上时，方可进行，同时要求芯柱混凝土的坍落度控制在 120mm 左右。

6.2.4.3 质量标准

1. 主控项目

（1）小砌块和芯柱混凝土、砌筑砂浆的强度等级必须符合设计要求。

抽检数量：每一生产厂家，每 1 万块小砌块为一验收批，不足 1 万块按一批计，抽检数量为 1 组；用于多层以上建筑的基础和底层的小砌块抽检数量不应少于 2 组。

检验方法：查小砌块和芯柱混凝土、砌筑砂浆试块试验报告。

（2）砌体水平灰缝和竖向灰缝的砂浆饱满度，应按净面积计算，不得低于 90%。

抽检数量：每检验批抽查不应少于 5 处。

检验方法：用专用百格网检测小砌块与砂浆粘结痕迹，每处检测 3 块小砌块，取其平均值。

（3）墙体转角处和纵横交接处应同时砌筑。临时间断处应砌成斜槎，斜槎水平投影长度不应小于斜槎高度。施工洞口可预留直槎，但在洞口砌筑和补砌时，应在直槎上下搭砌的小砌块孔洞内用强度等级不低于 C20（或 Cb20）的混凝土灌实。

抽检数量：每检验批抽查不应少于 5 处。

检验方法：观察检查。

（4）小砌块砌体的芯柱在楼盖处应贯通，不得削弱芯柱截面尺寸；芯柱混凝土不得漏灌。

抽检数量：每检验批抽查不应少于5处。

检验方法：观察检查。

2. 一般项目

砌体的水平灰缝厚度和竖向灰缝宽度宜为10mm，但不应小于8mm，也不应大于12mm。

抽检数量：每检验批抽查不应少于5处。

检验方法：水平灰缝厚度用尺量5皮小砌块的高度折算；竖向灰缝宽度用尺量2m砌体长度折算。

6.2.4.4 成品保护措施

（1）砌块装卸时，严禁碰撞、扔摔，应轻码轻放，不许用翻斗车倾卸，并应堆放整齐。

（2）砌块及其他物资吊装就位时，避免冲击已完墙体。

6.2.4.5 安全、环保措施

（1）吊装砌块夹具应经试验检查，应安全、灵活、可靠，方可使用。

（2）已经就位的砌块，必须立即进行竖缝灌浆；对稳定性较差的窗间墙、独立柱和挑出墙面较多的部位，应加临时稳定支撑，以保证其稳定性。

（3）当风力较大时，应及时进行圈梁及构造柱施工，或采取其他稳定措施。

（4）雨天施工应有防雨措施，不得使用湿砌块；雨后施工，应复核墙体的垂直度，检查墙体是否有不均匀沉降及裂缝现象等。

6.3 砖砌块

本章适用于烧结普通砖、粉煤灰砖、烧结多孔砖等砌体工程施工及质量验收。

6.3.1 施工工艺流程

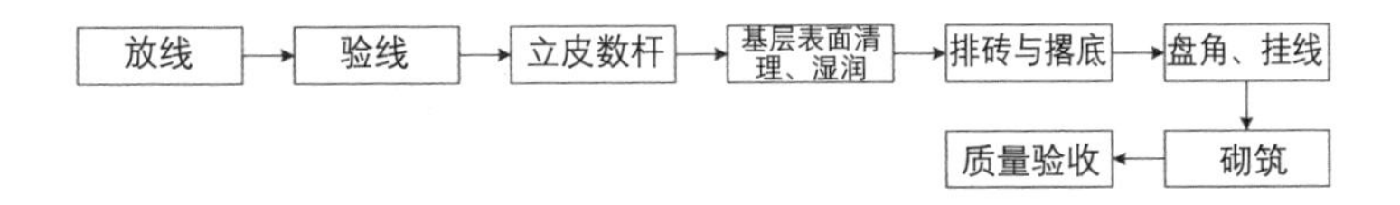

6.3.2 施工工艺标准图

序号	施工步骤	材料、机具准备	工艺要点	效果展示
1	放线、验线		（1）用水准仪投放楼层建筑 1m 线。 （2）测放出每一楼层的轴线和门窗洞口的位置线并在墙体周边设置 200mm/300mm 墙身控制线	
2	立皮数杆	皮数杆、水准仪、钢卷尺、瓦刀、砂浆槽、扎丝、手推车、灰桶	在垫层转角处、交接处及高低处立好基础皮数杆。基础皮数杆要进行抄平，使杆上所示底层室内地面标高与设计底层室内地面标高一致	
3	排砖与撂底		一般外墙第一层砖撂底时，两山墙排丁砖，前后檐纵墙排条砖。根据弹好的门窗洞口位置线，认真核对窗间墙、垛尺寸及位置是	

续表

序号	施工步骤	材料、机具准备	工艺要点	效果展示
3	排砖与撂底	皮数杆、水准仪、钢卷尺、瓦刀、砂浆槽、扎丝、手推车、灰桶	否符合排砖模数，如不符合模数时，可在征得设计单位同意的前提下将门窗的位置左右移动，使之符合排砖的要求	
4	盘角		砖砌筑前应先盘角，每次盘角不要超过五层。新盘的大角，及时进行吊、靠。如有偏差及时修整。盘角时要仔细对照皮数杆的砖层和标高，控制好灰缝大小，使水平灰缝均匀一致。大角盘好再复查一次，平整度和垂直度完全符合要求，再挂线砌墙	
5	挂线		砌筑一砖半墙必须双面挂线，对于长墙，几个人均使用一根通线，中间应设几个小支点，小线要拉紧，每层砖都要穿线看平，使水平缝均匀一致，平直通顺；砌一砖厚混水墙时宜采用外手挂线	
6	砌筑		（1）砖墙的转角处，每皮砖的外角应加砌七分头砖。单采用一顺一丁砌筑形式时，七分头砖的顺面方向依次砌顺砖，丁面方向依次砌丁砖。	

续表

序号	施工步骤	材料、机具准备	工艺要点	效果展示
6	砌筑	皮数杆、水准仪、钢卷尺、瓦刀、砂浆槽、扎丝、手推车、灰桶	（2）砖墙的丁字交接处，横墙的端头隔皮加砌七分头砖，纵横隔皮砌通。当采用一顺一丁砌筑形式时，七分头砖丁面方向依次砌丁砖。 （3）砖墙的十字交接处，应隔皮将纵横墙砌通，交接处内角的竖缝应相互错开 1/4 砖长	

6.3.3 控制措施

序号	预控项目	产生原因	预控措施
1	住宅工程附墙烟道堵塞、窜烟	砖混结构住宅的居室和厨房附墙烟道被堵塞，或各楼层间烟道相互窜烟，影响建筑物的使用和人身安全	（1）砌筑附墙烟道部位应建立责任制，各楼层烟道采取定人定位（各楼层同一轴线的烟道，尽量由同一人砌筑），便于明确责任和实行奖惩。 （2）砌筑烟道安放瓦管时，应注意接口对齐，接口周围用砂浆塞严，四周间隙内嵌塞碎砖，以嵌固瓦管。烟道砌筑时应先放瓦管后砌墙体，以防止碎砖、砂浆等杂物掉入管内。 （3）推广采用桶式提芯工具的施工方法，既可防止杂物落入烟道内造成堵塞，又可使烟道内壁砂浆光滑、密实，对防止窜烟有利

续表

序号	预控项目	产生原因	预控措施
2	因地基不均匀下沉引起的墙体裂缝	（1）在纵墙的两端出现斜裂缝，多数裂缝通过窗口的两个对角，裂缝向沉降较大的方向倾斜，并由下向上发展。裂缝多在墙体下部，向上逐渐减少，裂缝宽度下大上小，常常在房屋建成后不久就出现，其数量及宽度随时间而逐渐发展。 （2）在窗间墙的上下对角处成对出现水平裂缝，沉降大的一边裂缝在下，沉降小的一边裂缝在上。 （3）在纵墙中央的顶部和底部窗台处出现竖向裂缝，裂缝上宽下窄。当纵墙顶部有圈梁时，顶层中央顶部竖向裂缝较少	（1）加强基础坑（槽）钎探工作。对于较复杂的地基，在基坑（槽）开挖后应进行普遍钎探，待探出的软弱部位进行加固处理后，方可进行基础施工。 （2）合理设置沉降缝。操作中应防止浇筑圈梁时将断开处浇在一起，或砖头、砂浆等杂物落入缝内，以免房屋不能自由沉降而发生墙体拉裂的现象。 （3）提高上部结构的刚度，增强墙体抗剪强度。应在基础顶面（±0.000）处及各楼层门窗口上部设置圈梁，减少建筑物端部门窗数量。操作中严格执行规范规定，如砖浇水润湿，改善砂浆和易性，提高砂浆饱满度和砖层间的粘结性（提高灰缝的砂浆饱满度，可以大大提高墙体的抗剪强度）。在施工临时间断处应尽量留置斜槎。当留置直槎时，也应加拉结筋，坚决消灭阴槎又无拉结筋的做法。 （4）宽大窗口下部应考虑设混凝土梁或砌反砖拱以适应窗台反梁作用的变形，防止窗台处产生竖直裂缝。为避免多层房屋底层窗台下出现裂缝，除了加强基础整体性外，也可采取通长配筋的方法来加强。另外，窗台部位也不宜使用过多的半砖砌筑

6.3.4 技术交底

6.3.4.1 施工准备

1. 技术准备

（1）进行施工图设计交底及图纸会审，并形成会议纪要。

（2）进场原材料的见证取样复验。

（3）砌筑砂浆及混凝土配合比设计。

（4）砌块砌体应按设计及标准要求绘制排块图、节点组砌图。

（5）复核建筑物或构筑物的标高、轴线是否引自基准控制点。

2. 机具准备

塔式起重机、电梯、搅拌机、砖夹子、手推车、钢卷尺、大铁锹、瓦刀、托线板、线锤、灰斗或灰槽、无齿锯、电锯、小白线。

3. 作业条件

（1）砌筑前，基础及防潮层应经验收合格，基础顶面弹好墙身轴线、墙边线、门窗洞口和柱子的位置线。

（2）办完地基、基础工程隐检手续。

（3）回填完基础两侧及房心土方，安装好暖气沟盖板。

（4）砌筑部位的灰渣、杂物清除干净，并浇水湿润。

6.3.4.2 操作工艺

1. 砖墙体施工操作工艺流程

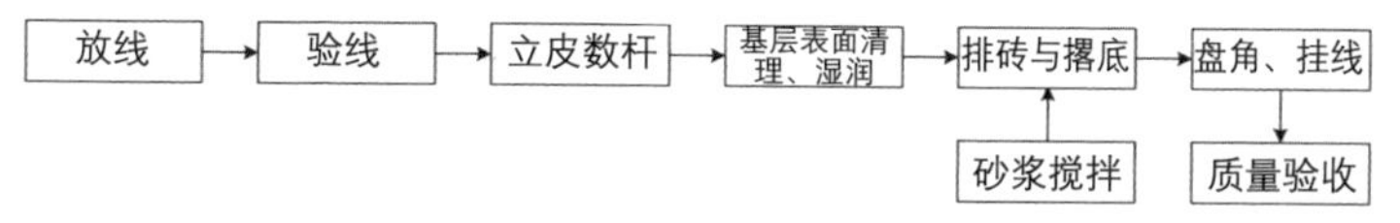

2. 施工要点

1）普通砖墙施工要点

（1）组砌方法

砌体组砌应上下错缝，内外搭砌，组砌方式一般采用一顺一丁、梅花丁或三顺一丁砌法。

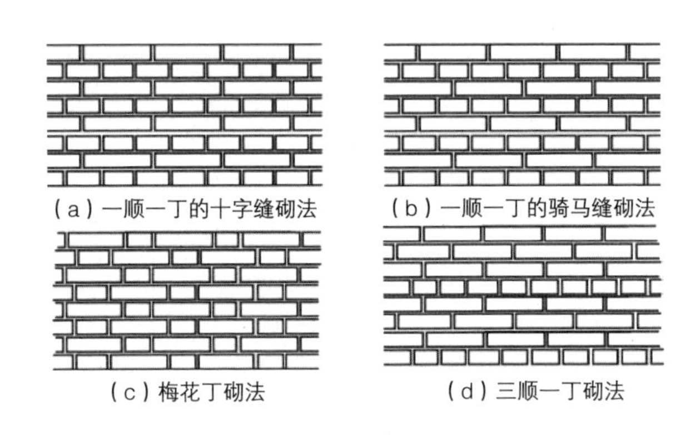
（a）一顺一丁的十字缝砌法　（b）一顺一丁的骑马缝砌法

（c）梅花丁砌法　（d）三顺一丁砌法

砌体组砌方式示意图

（2）排砖撂底

一般外墙第一层砖撂底时，两山墙排丁砖，前后檐纵墙排条砖。根据弹好的门窗洞口位置线，认真核对窗间墙、垛尺寸及位置是否符合排砖模数，如不符合模数时，可在征得设计单位同意的条件下将门窗的位置左右移动，使之符合排砖的要求。若有破活，七分头或丁砖应排在窗口中间、附墙垛或其他不明显的部位。移动门窗口位置时，应注意暖卫立管安装及门窗开启时不受影响。另外，排砖还要考虑在门窗口，上边的砖墙合拢时也不出现破活。

（3）盘角

砌砖前应先盘角，每次盘角不要超过五层。新盘的大角，及时进行吊、靠。如有偏差要及时修整。盘角时要仔细对照皮数杆的砖层和标高，控制好灰缝大小，使水平灰缝均匀一致。大角盘好后再复查一次，平整度和垂直度完全符合要求后，再挂线砌墙。

（4）挂线

砌筑一砖半墙必须双面挂线，对于长墙，几个人均使用一根通线，中间应设几个小支点，小线要拉紧，每层砖都要穿线看平，使水平缝均匀一致，平直通顺；砌一砖厚混水墙时宜采用外手挂线。

（5）砌砖

砖墙的转角处，每皮砖的外角应加砌七分头砖。当采用一顺一丁砌筑形式时，七分头砖的顺面方向依次砌顺砖，丁面方向依次砌丁砖。

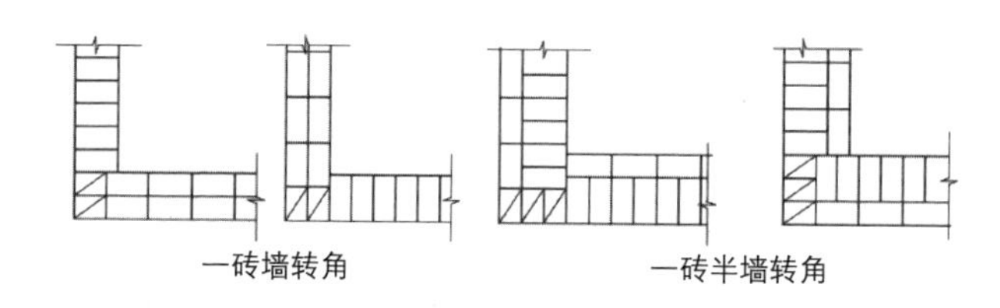

一顺一丁转角砌法

砖墙的丁字交接处，横墙的端头隔皮加砌七分头砖，纵横隔皮砌通。当采用一顺一丁砌筑形式时，七分头砖丁面方向依次砌丁砖。

砖墙十字交接处，应隔皮纵横墙砌通，交接处内角的竖缝应上下相互错开 1/4 砖长。

当采用铺浆法砌筑时，铺浆长度应符合标准。

（6）留槎

外墙转角处应同时砌筑，隔墙与承重墙不能同时砌筑，又不能留成斜槎时，可于承重墙中引出凸槎，并在承重墙的水平灰缝中预埋拉结筋，其构造见相关直槎的要求，但每道墙不得少于 2 根。

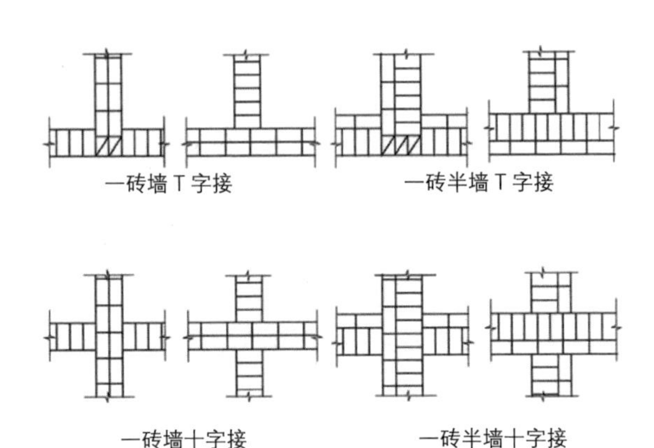

一顺一丁的十字交接处砌法

(7) 木砖预埋

门窗洞口侧面木砖预埋时应小头在外，大头在内，木砖要提前做好防腐处理。木砖数量按洞口高度决定。洞口高在 1.2m 以内时，每边放 2 块；洞口高 1.2 ~ 2m 时，每边放 3 块；洞口高 2 ~ 3m 时，每边放 4 块；预埋木砖的部位上下一般距洞口上边或下边各四皮砖，中间均匀分布。

2) 清水砖墙面勾缝施工要点

(1) 勾缝前清除墙面粘结的砂浆、泥浆和杂物，并洒水湿润。脚手眼内也应清理干净，洒水湿润，并用与原墙相同的砖补砌严密。

(2) 墙面勾缝应采用加浆勾缝，宜用细砂拌制的 1 ∶ 1.5 水泥砂浆。砖内墙也可采用原浆勾缝，但必须随砌随勾缝，并使灰缝光滑、密实。

(3) 普通砖墙勾缝宜采用凹缝或平缝，凹缝深度一般为

4 ~ 5mm。

（4）墙面勾缝应横平竖直、深浅一致、搭接平整并压实抹光，不得有丢缝、开裂和粘结不牢等现象。

（5）勾缝完毕，应清扫墙面。

3）砖砌体在下列部位应使用丁砌层砌筑，且应使用整砖

（1）每层承重墙的最上一皮砖。

（2）楼板、梁、柱及屋架的支承处。

（3）砖砌体的台阶水平面上。

（4）挑出层。

6.3.4.3 质量标准

1. 主控项目

1）砖和砂浆的强度等级必须符合设计要求。

抽检数量：每一生产厂家，烧结普通砖、混凝土实心砖每 15 万块，烧结多孔砖、混凝土多孔砖、蒸压灰砂砖及蒸压粉煤灰砖每 10 万块各为 1 验收批，不足上述数量时按 1 批计，抽检数量为 1 组。

检验方法：查砖和砂浆试块试验报告。

2）砌体灰缝砂浆应密实饱满，砖墙水平灰缝的砂浆饱满度不得低于 80%；砖柱水平灰缝和竖向灰缝饱满度不得低于 90%。

抽检数量：每检验批抽查不应少于 5 处。

检验方法：用百格网检查砖底面与砂浆的粘结痕迹面积。每处检测 3 块砖，取其平均值。

3）砖砌体的转角处和交接处应同时砌筑，严禁无可靠措施的内外墙分砌施工。在抗震设防烈度为 8 度及 8 度以上地区，对不能同时砌筑而又必须留置的临时间断处应砌成斜槎，普通砖砌体斜槎水

平投影长度不应小于高度的 2/3，多孔砖砌体的斜槎长高比不应小于 1/2。斜槎高度不得超过一步脚手架的高度，如下图所示。

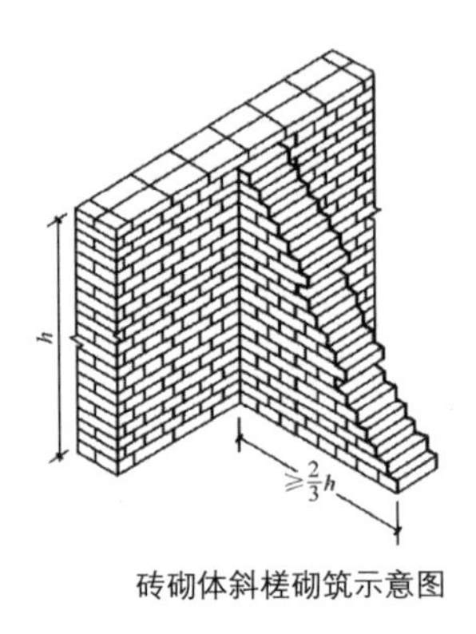

砖砌体斜槎砌筑示意图

抽检数量：每检验批抽查不应少于 5 处。

检验方法：观察检查。

4）非抗震设防及抗震设防烈度为 6 度、7 度地区的临时间断处，当不能留斜槎时，除转角处外，可留直槎，但直槎必须做成凸槎，且应加设拉结钢筋，拉结钢筋应符合下列规定：

（1）每 120mm 墙厚放置一根直径 6mm 拉结钢筋（120mm 厚墙应放置两根直径 6mm 拉结钢筋）。

（2）间距沿墙高不应超过 500mm，且竖向间距偏差不应超过 100mm。

（3）埋入长度从留槎处算起每边均不应小于 500mm，对抗震设防烈度 6 度、7 度的地区，不应小于 1000mm。

（4）末端应有 90° 弯钩。

（5）埋入砌体中的拉结钢筋，应位置正确、平直，其外露部分在施工中不得任意弯折。

抽检数量：每检验批抽查不应少于 5 处。

检验方法：观察和尺量检查。

2. 一般项目

（1）砖砌体组砌方法应正确，内外搭砌，上、下错缝。清水墙、窗间墙无通缝；混水墙中不得有长度大于 300mm 的通缝，长度 200 ~ 300mm 的通缝每间不超过 3 处，且不得位于同一面墙体上。砖柱不得采用包心砌法。

抽检数量：每检验批抽查不应少于 5 处。

检验方法：观察检查。砌体组砌方法抽检每处应为 3 ~ 5m。

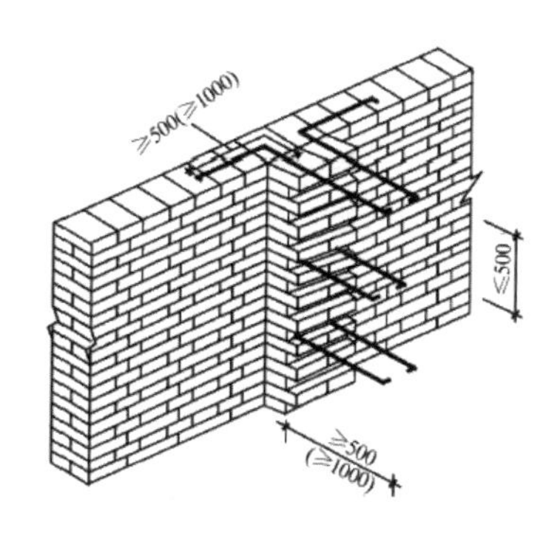

直槎处加设拉结钢筋示意

（2）砖砌体的灰缝应横平竖直，厚薄均匀，水平灰缝厚度及竖向灰缝宽度宜为 10mm，但不应小于 8mm，也不应大于 12mm。

抽检数量：每检验批抽查不应少于 5 处。

检验方法：水平灰缝厚度用尺量 10 皮砖砌体高度折算；竖向灰

缝宽度用尺量 2m 砌体长度折算。

（3）在建筑高处进行砌筑作业时，应符合现行行业标准《建筑施工高处作业安全技术规范》JGJ 80 的相关规定。不得在卸料平台上、脚手架上、升降机、龙门架及井架物料提升机出入口位置进行块材的切割、打凿加工。不得站在墙顶操作和行走。工作完毕应将墙上和脚手架多余的材料、工具清理干净。

（4）楼层卸料和备料不应集中堆放，不得超过楼板的设计活荷载标准值。

（5）生石灰运输过程中应采取防水措施，且不应与易燃易爆物品共同存放、运输。

（6）淋灰池、水池应有护墙或护栏。

（7）现场加工区材料切割、打凿加工人员，砂浆搅拌作业人员以及搬运人员，应按相关要求佩戴好劳动防护用品。

（8）工程施工现场的消防安全应符合现行国家标准《建设工程施工现场消防安全技术规范》GB 50720 的有关规定。

6.3.4.4 成品保护

（1）砌筑过程中或砌筑完毕后，未经有关质量管理人员复查之前，对轴线桩、水平桩或龙门板应注意保护，不得碰撞或拆除。

（2）基础墙回填土，应两侧同时进行，暖气沟墙未填土的一侧应加支撑，防止回填时挤歪挤裂。回填土应分层夯实，不允许向槽内灌水取代夯实。回填土运输时，先将墙顶保护好，不得在墙顶上推车，损坏墙顶和碰撞墙体。

（3）墙体拉结筋、抗震构造柱钢筋、大模板混凝土墙体钢筋及各种预埋件，水、暖、电气管线及套管等，均应注意保护，不得随意拆改、弯折或损坏。

（4）砂浆稠度应适宜，砌筑过程中要及时清理，防止砂浆溅脏墙面。

（5）对尚未安装楼板或屋面板的墙和柱，当可能遇到大风时，应采取临时支撑等措施，以保证施工中墙体的稳定性。

（6）在吊放平台脚手架或安装模板时，应防止碰撞已砌好的墙体。

（7）在进料口周围，应用塑料布或木板等遮盖，以保持墙面清洁。

6.3.4.5 安全、环保措施

1. 安全措施

（1）在操作之前必须检查操作环境是否符合安全要求，道路是否畅通，机具是否完好牢固，安全设施和防护用品是否齐全，经检查符合要求后方可施工。

（2）墙身砌体高度超过地坪 1.2m 以上时，应搭设脚手架。在一层以上或高度超过 4m 时，采用里脚手架必须支搭安全网，采用外脚手架应设护身栏杆和挡脚板后方可砌筑。

（3）严禁使用砖及砌块作脚手架的支撑；脚手架搭设后应经检查方可使用，施工用的脚手板不得少于两块，其端头必须伸出架的支撑横杆约 200mm，但也不许伸过太长做成探头板；砌筑时不准随意拆改和移动脚手架，楼层屋盖上的盖板或防护栏杆不得随意挪动、拆除。

（4）脚手架站脚的高度，应低于已砌砖的高度；每块脚手板上的操作人员不得超过两人；堆放砖块不得超过单行 3 皮；采用砖笼

吊砖时，砖在架子上或楼板上要均匀分布，不应集中堆放；灰桶、灰斗应放置有序，使架子上保持畅通。

（5）不得站在墙顶上做画线、吊线、清扫墙面等工作；上下脚手架应走斜道，严禁踏上窗台出入。

（6）用于垂直运输的吊笼、滑车、绳索、刹车等，必须满足负荷要求，牢固无损；吊运时不得超载，并需经常检查，发现问题及时修理。

（7）起吊砖笼和砂浆料斗时，砖和砂浆不能装得过满。吊臂工作范围内不得有人停留。

（8）砖运输车辆两车前后距离，平道上不小于 2m，坡道上不小于 10m；装砖时要先取高处后取低处，防止垛倒砸人。

（9）已砌好的山墙，应临时用连系杆（如檩条等）放置在各跨山墙上，使其连系稳定，或采取其他有效的加固措施。

（10）采用手推车运输砂浆时，不得争先抢道，装车不应过满；卸车时应有挡车措施，不得用力过猛或撒把，以防伤人。

2. 环保措施

（1）砖堆放及停放搅拌机的地面必须夯实，用混凝土硬化，并做好排水措施。

（2）现场拌制砂浆时，应采取措施防止水泥、砂子、扬尘污染环境。

（3）施工中的噪声排放，昼间小于 70dB，夜间小于 55dB。施工现场烟尘排放浓度小于 400mg/m^2。夜间照明不影响周围社区。

（4）砌筑施工时，落地灰应随即清理、收集和再利用。

（5）预埋件防腐处理过程中应采取措施防止有毒有害防腐材料遗撒或直接入土壤。

6.4 ALC 板材

6.4.1 施工工艺流程

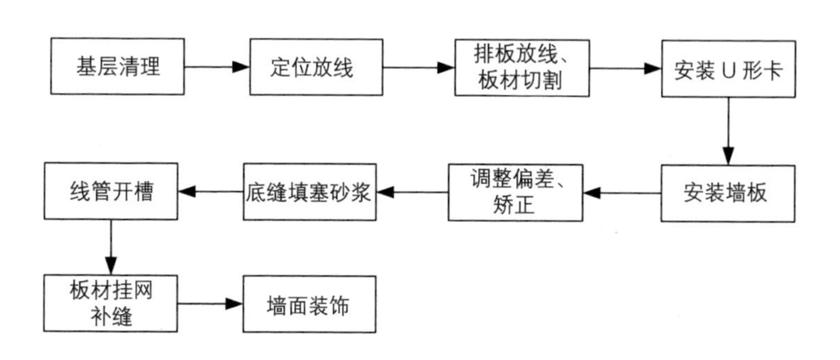

6.4.2 施工工艺标准图

序号	施工步骤	材料、机具准备	工艺要点	效果展示
1	基层清理	U 形龙骨、专用胶粘剂、抹面砂浆、木楔、云石锯、撬棍、激光扫平仪、卡子、绳子、墨斗、靠尺、吊坠、米尺、推车等	（1）基层表面应粗糙、洁净并冲洗干净、湿润，不得有积水。 （2）用激光水准仪抄平放线，统一标志，使地面高度统一、贯通一致	
2	定位放线		（1）平面控制时，应将墙身线、门窗洞口位置线、墙面水电预留洞口位置线弹在楼面上。 （2）水平位置和垂直控制线：根据控制线，结合图纸放线，在混凝土底板上弹出水平位置控制线；根	

续表

序号	施工步骤	材料、机具准备	工艺要点	效果展示
2	定位放线	U形龙骨、专用胶粘剂、抹面砂浆、木楔、云石锯、撬棍、激光扫平仪、卡子、绳子、墨斗、靠尺、吊坠、米尺、推车等	据底板上的位置线，用三线仪打出一个垂线，将控制线引至梁、柱和墙面上；根据底板上的位置线，结合图纸，放出门窗洞口位置线，以便安装门窗洞口	
3	排板放线、板材切割		（1）安装前复核墙体的净高度，板材的实际长度一般比安装位置处的墙体净高短1 ~ 3cm。 （2）ALC轻质隔墙板材安装前必须根据模数进行预排，拼板宽度一般不宜小于200mm。 （3）按照小板中间、大板两边原则进行排板	 
4	安装U形卡		（1）按照弹好的墙体位置线安装U形卡，每块板一只U形卡与钢梁焊接，或用两只射钉与混凝土连接。U形卡的中间位置尽量对着板与板的拼缝（第一只除外），卡住板材的高度需不小于20mm。 （2）固定U形卡件的方式如果是射钉固定，则不得少于2个；如果是点焊固定，则不得少于4个固定点，焊波应均匀，不得有裂纹、未溶化、夹渣、焊瘤、咬边、烧穿和针状气孔等缺陷，焊接处无残留物且作防锈处理	 

续表

序号	施工步骤	材料、机具准备	工艺要点	效果展示
5	安装墙板	U形龙骨、专用胶粘剂、抹面砂浆、木楔、云石锯、撬棍、激光扫平仪、卡子、绳子、墨斗、靠尺、吊坠、米尺、推车等	（1）安装时，一人推挤，一人用宽口撬棍从根部撬起，边顶边挤紧端墙及梁底部，同时用木楔将墙板固定。 （2）安装第二块ALC板，将第二块板的凸起部分与第一块板凹槽对齐，然后将其拼接，拼接力应均匀，板缝隙宜为5mm，后续墙板将继续按此工艺施工	
6	调整偏差、矫正		根据安装控制线，通过调整木楔对板材的平面安装位置、垂直度进行调节，从而减少因对板材的直接驳动而造成板材损伤，直至将板材调整到正确位置	 
7	底缝填塞砂浆		在条板与楼地面空隙处填入粘结砂浆，要求条板距楼地面10～30mm，特殊情况底部缝隙大于40mm时，需用细石混凝土填缝。木楔在立板养护3d后取出并填实楔孔	 

续表

序号	施工步骤	材料、机具准备	工艺要点	效果展示
8	线管开槽	U形龙骨、专用胶粘剂、抹面砂浆、木楔、云石锯、撬棍、激光扫平仪、卡子、绳子、墨斗、靠尺、吊坠、米尺、推车等	（1）墙板安装需满足7d以上。 （2）电管线开槽应使用专用切割机沿板材纵向切槽，深度不得大于板材厚度的1/3。 （3）当槽必须沿板的横向切割时，其在隔墙上的长度不应大于板宽的1/2，槽深不应超过20mm，槽宽不应超过30mm	 
9	板材挂网补缝		（1）当墙面为抹灰做法时，装饰抹灰阶段墙面满挂玻纤网格布。 （2）当墙面为非抹灰墙面时，在板材拼缝处、线槽处、板墙转角处粘贴100mm宽耐碱玻纤网格布	 

6.4.3 控制措施

序号	预控项目	产生原因	预控措施
1	运输与堆放	（1）ALC板材强度低，运输搬运已破损。 （2）堆放不规范导致板材偏心受力。 （3）板材未达到龄期强度运输。 （4）吊装不规范	（1）吊装、堆放：起吊时需用尼龙吊带（不可采用钢丝绳）捆绑于板材两端*L*/5处，落地时板材两端*L*/5处各垫枕木一块，吊运时要有专人指挥，板材两端吊带捆绑距离要一致，吊带要顺直，保证板材两端同时离地和落地。为方便驳运板材，卸货时堆放层数不得超过两层，条件允许时单层堆放。 （2）板材质量：不使用工艺达不到国家要求或者配料、工艺不合理的板材。 （3）施工管理：不应为满足工期，将不够龄期28d的墙板送至现场使用。 （4）防潮保护：应在运输和施工现场采取防潮措施，防止受潮
2	墙面不平整	（1）板材厚度不一致或翘曲变形。 （2）安装方法不当	（1）合理选配板材，将厚度误差大或因受潮变形板材挑出，在门口上或窗下截短使用。 （2）安装时应采用简易支架作为立墙板靠架，以保证墙体平整度，也可以防止墙板倾覆
3	板缝开裂	（1）材料选用不当，因两种材料收缩不同而产生裂缝。 （2）隔墙板设计构造尺寸不当，由于施工误差，墙体混凝土标高控制不好，结构墙体位置偏差较大，造成隔墙板位置偏差较大，隔墙板与墙体间隙过大。	（1）墙板安装拼接的粘结材料为108胶水泥浆。 （2）勾缝材料必须与板材本身成分相同。 （3）板缝用与板材相同的材料封堵，装饰之前先用宽度100mm的网状防裂胶带粘贴在板缝处，再用掺108胶的水泥浆在胶带上刷一遍，晾干，然后用纤维布贴在板缝处。

续表

序号	预控项目	产生原因	预控措施
3	板缝开裂	（3）隔墙板生产尺寸误差较大，造成隔墙与顶板、隔墙板与墙体间缝隙过大或过小。 （4）勾缝砂浆强度低、缝隙大，没有分层将勾缝砂浆捻实，或缝隙太小不易捻实；勾缝砂浆与顶板或结构墙粘结不牢，出现裂缝	（4）隔墙板高度以按房间高度净空尺寸预留 2.5cm 空隙为宜；隔墙板与墙体间每边以预留 1cm 空隙为宜。 （5）提高施工精度，保证标高及墙体位置准确，隔墙板形状尺寸精准无误，空隙适当。 （6）勾缝砂浆用 1 ：2 水泥砂浆，按用水量 20% 掺入 108 胶。勾缝砂浆应分层捻实，勾严抹平
4	固定不牢	（1）上下槛和主体结构固定不牢靠。 （2）U 形卡不符合设计要求。 （3）安装时，施工顺序不正确。 （4）门口处下槛被断开后未采取加强措施	（1）横撑不宜与隔墙垂直，应倾斜一些，以便调节松紧和钉钉子。 （2）上下 U 形卡间距应根据墙板尺寸考虑，量材使用，最大间距不超过 500mm。 （3）上下槛要与主体结构连接牢固，能伸入结构部分应伸入、嵌牢。 （4）选材符合要求，按正确顺序安装
5	墙板开槽	（1）开槽深度较深。 （2）隔墙板上的竖向管线宜设在竖板间拼缝位置。 （3）竖向管线集中	（1）管线集中处采用 C20 混凝土现浇固定。 （2）墙板安装后 7d 可进行水电开槽，使用专业工具开槽，先放线，后开槽。 （3）水电管线安装完成后间隔 7d 才允许用抗裂砂浆修补施工。 （4）开槽深度不宜大于板厚的 1/3
6	涉水间防潮防渗	墙体材料吸水性较强	（1）轻质隔墙板以下设置不低于 250mm 高的混凝土止水台。 （2）按设计要求进行墙体及地面防水施工，做好隐蔽验收工作

6.4.4 技术交底

6.4.4.1 施工准备

1. 技术准备

1）熟悉工程概况，对工地的环境、安全因素、危险源进行识别、评价。掌握工地施工用电、道路、运输（包括垂直运输）、脚手架使用等情况。

2）熟悉施工图纸及相关图集。收集准备质量、安全、施工所涉及的相关规范、规定、作业指导书等资料。领会设计意图，做好图纸会审。

3）按计划组织施工工人、材料、机具等资源，做好施工的准备。

4）针对工程情况，对施工班组进行技术交底。操作班组应熟悉设计、施工说明、ALC 板墙布置情况，并应做好施工作业的分工准备。

5）ALC 板材安装前必须根据模数进行排板设计。

（1）小于 200mm 的 ALC 墙板不得使用。

（2）小板中间，大板两边。

（3）安装完成后 14d 方可水电开槽，使用专业工具开槽，先放线，后开槽。

（4）水电管线安装完成后间隔 7d 才允许抗裂砂浆修补施工。

（5）单元分户墙最好不要使用 ALC 板材墙体，建议设计院进行更改。

2. 材料准备

（1）蒸压加气混凝土（ALC）板材、专用胶粘剂、板材专用连接件等。

（2）材料进场后管理人员对主材及辅材、配件等进行外观检查，合格后方可使用，材料进场时一并提供材料的合格证、检测报告等相关资料。

3. 主要机具

电动吊装机、小型切割机、镂槽器、现场配电箱、运输车、移动脚手架、人字梯、射钉枪、检测尺、激光射线仪、钢齿磨板、磨砂板、卸货吊带、皮锤、手持搅拌器。另外还需一些小型常用工具，如钢管脚手架、泥板、橇棒、泥刀、泥桶等。

4. 作业条件

（1）对进场的加气混凝土（ALC）板材的型号、规格、数量和堆放位置已经进行检查验收，能满足施工条件，ALC 板材施工前应进行墙梁吊线检查。

（2）材料按照不同规格堆放整齐，并做好标志；现场存放场地应平整，无积水；装运过程应轻拿轻放，避免损坏，并尽量减少二次倒运。

（3）根据墙体尺寸和板材规格，妥善安排 ALC 板材排布，尽可能减少现场切割量。

（4）卫生间止水台应在板材安装之前做好。

6.4.4.2 操作工艺

1. 工艺流程

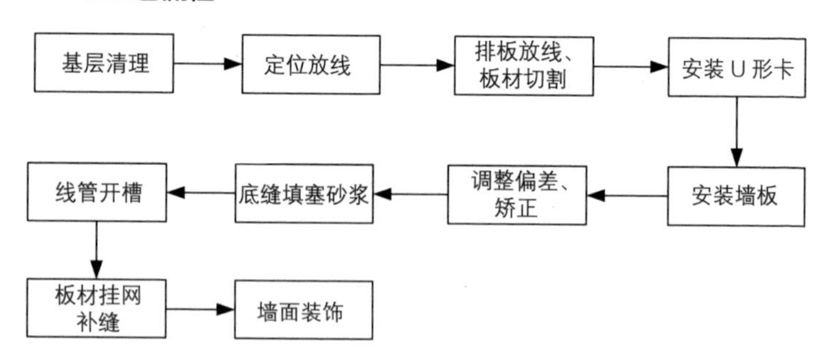

2. 安装工艺

1）定位放线

根据工程平面布置图和现场定位轴线，由总包技术人员确定板材墙体安装位置线，一般是弹出墙板上下的边线。标出楼层的建筑标高，安装门窗洞口处的墙板时需要。

2）排板放线、板材切割

安装前复核墙体净高度，板材的实际长度一般比安装位置处的墙体净高短 1~3cm。

ALC 轻质隔墙板材安装前必须根据模数进行预排，拼板宽度一般不宜小于 200mm。施工中切割过的板材即拼板宜安装在墙体阴角部位或靠近阴角的整块板材间。

按照小板中间、大板两边原则进行排板。

3）固定 U 形卡

根据墙体定位线，在第一块条板顶端安装起始端或两块条板顶端拼缝之间用射钉枪将 U 形卡固定在结构梁和板上，且每块板不少于两点。

4）板材就位安装

将板材用人工立起后移至安装位置，板材上、下端用木楔临时固定（U 形钢卡法），板一侧满刮粘结砂浆，板上端卡入 U 形钢板卡内，以木楔塞紧大墙板。

板材安装时从门洞边开始向两侧依次进行，洞口边与墙的阳角处应安装未经切割的完好、整齐的板材，无洞口隔墙应从墙的一端向另一端顺序安装。施工中切割过的板材即拼板宜安装在墙体阴角部位或靠近阴角的整块板材间，拼板宽度一般不宜小于 200mm。墙板间相互挤实，板缝粘结砂浆要饱满、密实，并随时清理挤出的胶浆。

5）垂直、平整度矫正

用 2m 靠尺检查墙体平整度，用激光射线仪和 2m 靠尺检查墙体垂直度，用锤子敲打下端木楔调整板材直至合格为止，最后将拼缝处补灰抹平。

6）底缝填塞砂浆

板材固定之后，上下两端两侧缝隙采用同质砂浆塞缝。塞缝定位木楔应在胶粘剂硬结后取出，且填补同质砂浆。板材与柱墙连接处用专用胶粘剂填充。板材表面及板材与板材之间拼缝用专用修补砂浆补平。墙板顶缝可采用专用砂浆填缝，也可以采用 PU 发泡填塞。

7）板材挂网补缝

当墙面为抹灰做法时，装饰抹灰阶段墙面满挂玻纤网格布；当墙面为非抹灰墙面时，在板材拼缝处、板墙转角处粘贴 100mm 宽耐碱玻纤网格布。

6.4.4.3 质量标准

1. 主控项目

（1）使用的蒸压加气混凝土板及专用胶粘剂、嵌缝剂的强度等级、技术性能、品种必须符合设计要求，并有出厂合格证，规定试验项目必须符合标准。

（2）蒸压加气混凝土板应与主体结构可靠连接，其连接构造应符合设计要求。

（3）板材胶粘剂涂刷应密实、饱满。

（4）管卡、锚栓等锚固件的品种、规格、数量和设置部位应符合设计要求。

（5）板底嵌缝的细石凝土强度等级应符合设计要求。

2. 基本项目

ALC 板材安装允许偏差及检验方法见下表。

序号	项目		允许偏差（mm）	检验方法
1	安装位置线		3	用经纬仪或拉线和尺量检查
2	墙板垂直度	每层	5	用经纬仪或拉线和尺量检查
		全高	20	
3	表面平整度		5	用 2m 靠尺或塞尺检查
4	墙板拼缝高差		5	用尺量检查
5	门窗洞口（后塞口）		±5	用尺量检查
6	外墙板窗口偏移		10	以底层窗口为准，用吊线检查

6.4.4.4 成品保护措施

（1）板材堆放场地要求平整、无积水。堆放时应设置垫木。

（2）板运输时采用专业尼龙吊带绑扎，吊装时应采用宽度不小于 50mm 的尼龙吊带兜底起吊，禁止用钢丝绳直接兜底吊运，调运过程中避免碰撞。

（3）露天堆放时宜采用覆盖措施，防止雨雪淋湿和污染。

（4）安装过程中尽量采用机械调升移位，不要使用撬杠等坚硬工具搬运板材，避免板材掉棱缺角。

（5）运料时注意不得撞击板材，要做到轻拿轻放，侧抬侧立并互相绑牢，堆放处应平整，下面垫好垫块。

（6）施工时要紧密配合，相互协助。

（7）墙板安装后 7d 内不得碰撞敲打，稳固后方可进行下道工序施工。

（8）安装预留预埋时，宜用专用工具进行钻孔扩孔，不得用力敲击墙壁，注意运输小车不要碰撞墙板及已安装好的门口。

（9）安装完毕后，如需在板材上开洞，要使用小型切割机、钻孔机开槽开洞。不要直接用凿子开洞，以免破坏板面，移动板位。对刮完腻子的墙板，不得进行任何剔凿。

（10）在地面等其他工序施工时，要在板面上加铺防护设施，以免污染板面。

6.4.4.5 安全、环保措施

（1）用于垂直运输的设备、工具等必须满足负荷要求，牢固无损；吊运时不得超载，并须经常检查，发现问题及时修理。

（2）塔式起重机吊运物料时，应有信号工指挥，上下协调一致，对吊绳、吊钩等要经常检查，严禁超载吊运。

（3）楼上人员接料时，严禁站在脚手架上，卸料平台严禁超载，楼上的脚手架、安全防护等设施未经项目有关领导允许严禁拆除。

（4）临时用脚手架要扎设牢固，脚手板封牢，登高作业必须按照要求扎设安全带。

（5）现场临时用电由值班电工接线，严禁自行乱拉、乱扯、乱接。

（6）施工时用的工具应放在稳妥的地方，工作完毕后应将脚手板和板墙碎块、灰浆清扫干净，集中下运，不得随意乱丢乱掷，以防止掉落伤人。

（7）机械进入现场前，由机械员对进入现场的机械进行全面检查和维护保养，以保证机况良好。

（8）机械修理工应经常检查机械的运行情况，发现问题及时进行维护、保养，以保证施工机械处于良好运行状态。

（9）运输 ALC 板的车辆，要求车底平整，严禁用翻斗车运输。

运输时应采用良好的绑扎措施，装卸要避免碰撞。

（10）现场道路应及时清扫，定时洒水。

（11）施工现场的材料应及时覆盖，使用工具等应堆放整齐，施工后所产生的废弃物应及时分类清运，保持工完场清，文明施工。

（12）施工用料应做到长材不短用，加强材料回收利用，节约材料。

（13）在施工过程中，最大限度地减少产生的噪声和环境污染，当无法避免噪声时，应对施工现场采取隔声、隔离措施。